讓大眾小眾都買單的
單一顧客分析法

P&G、樂敦、歐舒丹……打造回購熱銷商品的市場行銷學

西口一希——著 陳冠貴——譯

たった一人の分析から事業は成長する 実践 顧客起点マーケティング

目錄

目錄

好評推薦

「品牌行銷中，不論廣告創意或顧客體驗旅程都仰賴目標客群的了解，提供攻心為上的行銷劇本。本書從掌握『客群與品牌之間的關係』做為核心，延伸出各種應對的行銷策略，是非常有系統策略觀！非常適合所有行銷人士學習與參考。」

——江仕超，FB品牌行銷匯創辦人暨心品匯之品牌總監

「顧客導向（Customer oriented）是企業成功的關鍵，顧客關係管理更是行銷範疇的顯學。本書理性地運用圖表『顧客金字塔』分析單一顧客，在智慧型手機連結的新真實世界中，給行銷人員一盞明燈。」

——何默真，量販女王

前言
我靠「單一顧客分析法」締造行銷奇蹟

二〇一七年四月，我參與規畫提供數位服務的新創公司 SmartNews。我曾在日本 P&G 十六年、樂敦製藥八年、歐舒丹（L'OCCITANE）三年，過去三十多年的工作經歷皆是從事銷售實體產品給顧客，如今我即將邁入五十歲，新創公司對我而言是一大挑戰。周遭的人問我為什麼到了現在才要冒這種險？你懂數位化嗎？質疑的聲音不絕於耳。

其實，當我第一次置身於數位商務的現場時，有許多發現。我想大家也有親身感受過，這幾年因為智慧型手機深入生活中，以年輕一代為中心的生活方式與價值觀變化相當驚人。這與過去我們習慣的生活模式不同，許多人經常連上網路，長時間沉浸在網路的世界裡，「新真實世界」於此誕生。我切實感受到同時並行存在兩種世界，以往的物理性真實世界，與智慧型手機所連接的新真實世界，確實組成了平行世界。

而當時我參與規畫的SmartNews，因新聞ＡＰＰ競爭激烈，而有陷入劣勢的局面，且成長放緩。經過積極地行銷投資，約一年後，在二〇一八年六月，他們從原本ＡＰＰ排名的一百名外，獲得了iPhone（iOS）、Android系統皆排名第一的成績（App Annie調查）。二〇一九年一月，SmartNews於全世界累計下載數達四千萬，每月使用人數突破一千萬，不斷成長為日本最大的新聞ＡＰＰ。

我從實體銷售累計八百億日圓的行銷投資經驗中，建立了「顧客金字塔」（五格區間圖）與「九格區間圖」的顧客分析架構，在SmartNews時的行銷策略即是活用這套方法。同時，透過把焦點放在每一位顧客的「N1分析」（單一顧客分析法），開發出讓事業成長的「創意」（Idea），驗證效果的同時也持續擴大投資。本書將詳細介紹這些架構的意義與制定方法，讓讀者能夠輕易實踐。

SmartNews的快速成長，當然並非只歸功於行銷，更因為它原本就具備了新聞ＡＰＰ的優異功能，這也多虧了每天優化功能的工程技術人員，以及開發內容的支援才有今天的成績。在過去任職的公司，我也受惠於公司各部門與行銷同事的協助，才能累積這些成就——現在樂敦製藥的代表商品「肌研」，銷售額已從一年二十億日圓增加至一百六十億日圓，基本銷售瓶數是日本第一的化妝水；我以日本法人代表參與經營，發源於法國南部的美妝品牌歐舒丹，雖然持續了四年以上銷售放緩與利潤縮減，但這兩年達到了過去以來最高的銷售額與利潤。不過在我過去的經驗中，也有許多仍默默無聞的品牌。立足於這些種種成功與失敗，好不容易才摸索出本書所介紹的想法與架構。

這個架構同時也為組織帶來非屬人的領導能力。特定的職位或部門擁有決定權和影響力，一旦屬人的領導能力發生作用，顧客的重要性就會逐漸被忽略。我認為雖然嘴上說著「顧客至上」，但實際上仍有許多企業的行銷或事業本身並非以顧客為中心。

這點我以前也曾在 P&G 經歷過。二〇〇〇年三月，該公司的股價一口氣暴跌了三〇%以上，發布了盈利預期下修的警告。暴跌的前幾年，該公司為了強化全球化，對組織構造與業務流程進行大規模改革。改革的核心概念本身很好，是把品牌與區域部門，以縱軸、橫軸相交的矩陣式組織進行管理，但制度太過複雜，使員工的注意力都放在公司內部與流程，因此儘管成本增加，成長卻依舊陷入遲緩。

為了重整 P&G 度過此次危機，艾倫・萊夫利（Alan G.Lafley）出任新 CEO。甫一上任，他立刻堅定提出「Consumer is Boss」的聲明，「顧客才是老闆」說起來天經地義，但我和同事們一開始都對這句話沒什麼感覺。不過，他並非草率變更組織和流程，他要大家別把注意力放在公司內部，專心緊盯顧客，討論時始終提問「顧客是誰？」「對顧客來說有什麼意義？」不久後，公司內的討論主題立刻變成了「顧客」，不再是哪個部門的誰有決定權、總公司有什麼意見。

結果P&G從谷底實現了V形反轉，飛躍的成長更勝以往。之後公司雖然也實行了各式組織改革，但都不過是在實踐「顧客才是老闆」，這個簡單的價值觀改變了被複雜組織與流程拘束的員工思維與行動。

組織或事業的規模越大，往往會引起公司的注意力逐漸向內。這一起事件成了我意識到以下課題的契機——「怎麼做才能讓事業擴大卻不離顧客」、「該怎麼做才能在經營與行銷時，時常認真面對顧客」。

「顧客金字塔」與「九格區間圖」的概念非常簡單，不需要行銷的專業知識。不僅用於行銷，在商品開發、經營、銷售等部門也易於共用；實際上我也將這些概念活用於跨部門之間，同時也運用在經營層面。把「認真面對顧客」這個意識應用於行銷，也就是讓顧客取得領導權，可以為組織帶來非屬人的領導能力。

我認為行銷領域最重要的，是徹底理解一個具體的顧客，也就是「N＝1」。不去看那些不知道名字的統計數字，而是和確有其人的客戶見面，恭敬傾聽他從第一次接觸該品牌到現在的經驗，如此一來可以讓購買行為和影響其行為的深層心理，形成緊密的連結，再透過和這種深層心理產生共鳴，肯定能找出讓業績成長的「創意」。

一個忠實顧客為什麼會成為忠實顧客，要是能深刻理解其成因，就能作為面對還未成為忠實顧客的行銷建議，以提高顧客忠誠化的機率；同時，可以提前找出品牌將要流失的顧客，掌握其深層心理，事前採取應對措施，降低競爭對手或數位新創服務突然搶走顧客的風險。只不過，若只是胡亂傾聽顧客的經驗，並無法保證讓業績有成效，接著我會在全書六章以俯瞰的視角和可實踐的方法，解說如何打造策略性行銷，以及如何依據顧客特性分析，從而導出「創意」與對策。

本書所重視的，不單是解說新的行銷概念或介紹成功的案例，而是一本在實務現場，讓肩負銷售額與利潤責任的讀者都能實踐的「可用之書」。

每天都有各式各樣的新知、見解和方法在行銷領域誕生，衷心盼望拿起本書的讀者，不要受眼前的技術手法影響，能夠從重視一名顧客開始，達成讓業績持續成長的目標。

序章

以顧客為起點思考行銷策略

單一顧客不是隨便找一個人來分析

以顧客為起點的概念，是以一名顧客為出發點，找出商品或服務新的可能性。從徹底理解一個顧客，導出有效的對策並擴大展開，接著視顧客區隔的人數或結構比（%）的變動，來驗證行銷投資的效果。自家品牌就不用說了，面對競爭品牌的商品、服務，若能用簡單可行的調查分析競爭者的顧客群，也能應用在開發新商品，此外，也可以應用於B2B。

一次只聽取一位顧客的意見稱為「N1分析」，再透過此方法找出商品或服務吸引人的魅力與需求，也就是「創意」。定量的問卷調查或統計分析，對於限縮假設或驗證概念很有效，但光憑這麼做，無法獲得打動人心，進而引發行動的「創意」。

雖說如此，要是只隨便選一個人聽意見，也並非有效的對策，總歸來說，雖然都是顧客，定位卻有所不同，因此，為了正確掌握行銷投資對象的全體顧客人數與結構比（%），首先要把顧客分成五種，也就是「顧客金字塔」的架構（圖1），這種將顧客區隔成數個區間的架構，本書稱之為「區間圖」。因此，顧客金字塔又可稱為「五格區間圖」，若再加上品牌偏好度的軸線，即是把全體顧客分成九種的「九格區間圖」（圖2）。活用這些架構，

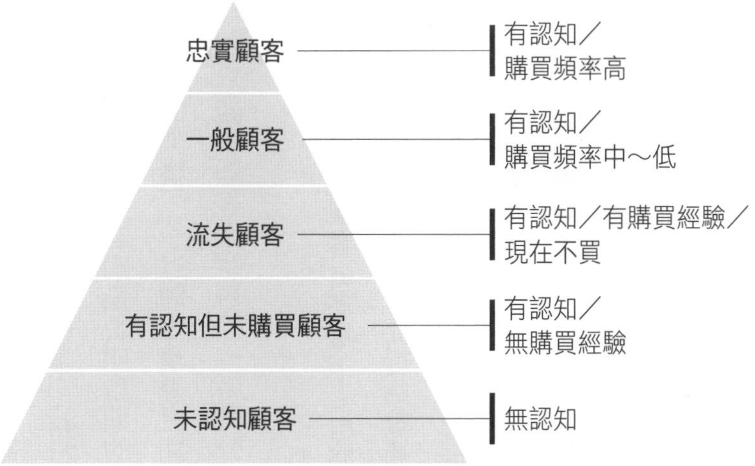

圖 1　顧客金字塔（五格區間圖）

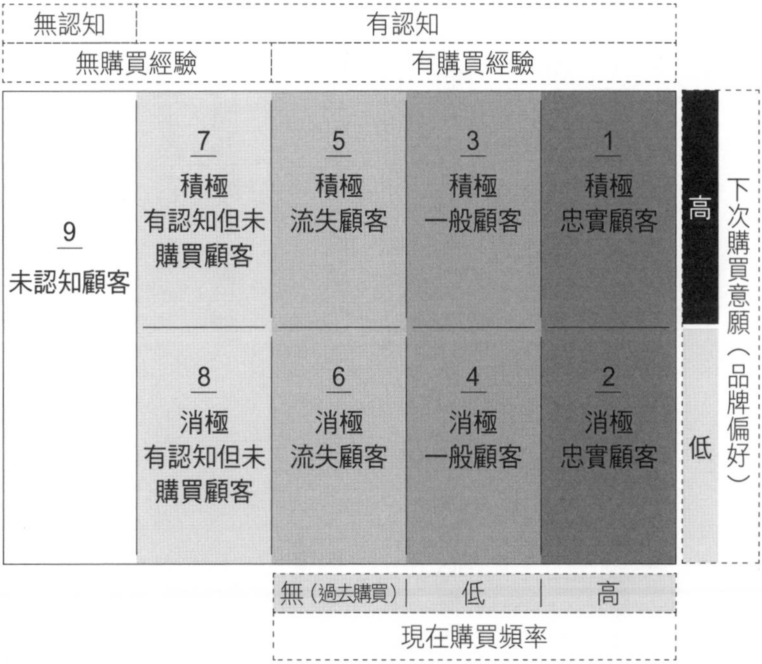

圖 2　九格區間圖（在五格區間圖加上品牌偏好軸線）

從特定的顧客區間中擷取一人並進行「N1分析」，掌握足以影響購買行為，而還未化為詞語表達的深層心理需求，藉以開發出「創意」，進行定量的驗證，研討出對策。實施之後，檢覈顧客區間是否如預期的行動，以及各區間的人數與組成比（%），再做評估。顧客分析的架構，一旦制定後須定期更新數據，持續追蹤。

關於顧客金字塔的一系列分析流程，可以統整為以下五個步驟：

1. **制定顧客金字塔**——用簡單的調查將顧客區隔為五個區間。
2. **區間分析**——從行為數據與心理數據分析各區間的顧客特性。
3. **N1分析**——訪談每個區間的「一位顧客（N＝1）」，分析認知、購買時機與深層心理。
4. **發想創意**——以N1分析為基礎，設計改變顧客行為與心理狀態的「創意」。
5. **驗證創意**——把「創意」轉換為概念，以定量的調查評估潛力並實踐，確認顧客金字塔的區間變動。

在本書的第一章將詳細解說行銷領域的「創意」是什麼，以及何謂N1。因為若「創意」並無明確的定義，進行的投資就會與銷售利潤沒有關連，變成白費功夫。例如，在對「創意」完全不了解的情況下，就把開發電視廣告完全轉包給廣告代理公司，結果就是無效的投資，這種狀況很常見。在考慮行銷的4P*之前，弄清楚「創意」是什麼才是最重要的。

接著第二章，我會解說前述顧客金字塔（五格區間圖）的具體制定方式與活用方法。

第二章的目標是整合目標全體顧客（既有顧客與未來潛在的所有候補顧客），並視覺化、定量化、區隔化，使行銷能做策略性運用。避免在沒有掌握銷售或利潤來自哪個顧客層之前，就先投資過多成本在獲得新顧客；或是只注意既有顧客，導致品牌知名度每況愈下。

第三章則是將第二章所提出的顧客金字塔，進一步細分成九個區間，使用「九格區間圖」做分析。「九格區間圖」即是在「五格區間圖」上加入「下次也會想購買（使用）這個品牌嗎？」的品牌偏好提問，評估品牌管理的成果如何，是否提高此品牌的偏好。

這些問題都是行銷業務所面臨的課題，而區間圖能把過去無法明確驗證的促銷活動與品

* 行銷4P：產品（Product）、價格（Price）、通路（Place）、促銷（Promotion）。

牌管理同時視覺化、定量化，使投資效果變得能夠判斷與驗證。

這大概是史上第一次讓促銷活動與品牌管理同時視覺化。我想或許能對無法說明的行銷投資，或是覺得討論促銷活動與品牌管理活動總是意見分歧的行銷人員有些幫助。

第一章到第三章的內容多為架構與概念，我想有些部分可能難以立刻理解，因此第四章，我將詳細介紹實際在SmartNews，從二〇一七年開始的一年半時間，如何使用這些架構擴大事業，應該能加深讀者的理解。

基本的顧客金字塔（五格區間圖），以及可將品牌管理效果視覺化的九格區間圖，根據品牌的成長階段與面臨的問題，有不同的活用時期，我在SmartNews時，也是依據不同時期，階段性活用這些架構。我認為讀完第四章後，再次回顧第一章到第三章，應該就會有能立刻實踐的感覺，或者讀者也不妨先閱讀第四章，再回過頭來讀第一章到第三章。

最後第五章談論的是這兩年我在數位新創公司工作時的所見——數位化的急速成長帶來對傳統產業的威脅。數位化的滲透不僅大幅改變了我們的生活方式，也從根本改變了以往的商業模式，要是不能即時掌握顧客購買行為與心理的細微變化，未察覺特定區間的顧客一步步移動到數位新創公司新服務的事實，某天將會突然承受巨大的負面影響。數位技術的進化速度越來越快，正因為我們身處無法預見此進化的時代，我認為該做的並非一一追趕，而是把注意力放在顧客的變化。

與其追求行銷花招，不如回歸到顧客心理

所謂的行銷，簡單來說就是開發出有魅力的商品或服務，讓顧客能持續購買、使用的活動。無論企業方如何宣傳「有魅力」，接收方的顧客只要沒有這種感覺，行銷就無效，因此，了解顧客在生活中如何思考、有什麼經驗、需要什麼、有什麼感覺，是行銷領域基礎中的基礎。

然而現在這種基礎正在崩潰，令人憂心。因為越來越多人透過智慧型手機直接連上網路，觸及各式數位訊息，要掌握每一個人接觸的訊息、感覺或行為，變得極為困難。報紙、雜誌、電視、廣播這四種大眾傳媒，以紙媒體為中心正在衰退，行銷人員發送的訊息也變得難以傳達，於是我們提出了各式各樣的數位行銷手法來彌補，比起了解「顧客想要什麼」，

行銷人員花費更多時間在理解與實行新技術。

我參加過廣告技術與數位行銷的研討會，發表的內容多半也是實行新的數位技術或手法後提高效果，在A／B測試的成本效益良好，但從整體品牌來看，幾乎都是影響有限的普通策略。

為什麼顧客會行動？若一直未觸及導致行動變化的心理因素，就無法將行銷投資規模化，不了解顧客的行銷，必定從一連串普通策略，陷入縮小經濟規模以保持收支平衡的窘境；換個角度來說，在擴張的數位世界受限於用來掌握顧客的新技術，就會離顧客越來越遠。

「創意」不只靠靈感，還能靠SOP發想

我從古典的行銷之父菲利普・科特勒（Philip Kotler）和競爭策略之父麥可・波特（Michael Porter）開始，學了各種行銷的理論，以及建構策略的方法，雖然嘗試過，但仍未獲得自己能夠信服的方法。無論行銷策略在邏輯上看起來多麼精練，實際成效揭曉後還是不

成功；另一方面，即使邏輯薄弱欠缺說服力，只要有令人感覺到「什麼」而吸引人，反而可以獲得成功。

當時我並未察覺這點就是本書所介紹的「創意」，廣告或創意等相關領域工作者談及許多類似「創意」的概念，在我自身的實務經驗上，確實對工作有巨大的影響力。

雖然我也讀過眾多知名行銷學者的書籍，但還沒遇見把「創意」究竟是什麼的主題寫成知識化、系統化的書籍。雖有使用「構思」或「靈感」等含意做一般解說的書，但都很含糊，無法把行銷上的「創意」用語言明確定義，也無法掌握可能再現的形式。

當我持續懷有這種煩惱並繼續從事實務時，有一次聽到顧客所說的話，令我切實感受到具體化「創意」這個概念很有幫助。我堅信一般人憑感覺獲得的「創意」，也可以遵循具體的流程想出來。因此我開始集中心力在做顧客區隔與分析，以及能加深對顧客理解的「Ｎ１分析」。我把從中獲得的經驗活用在新商品開發與規畫傳播方式，若有疑慮，就在事前做數量調查確認有效性，並逐步確立了「創意」的定義與發想方法。

上街頭直接聽顧客意見，打造市場第一商品

我之所以確信徹底理解一名顧客再發想出「創意」，與事業躍進有共通性，是因為二〇〇六年我跳槽到樂敦製藥，致力於化妝水「『肌研』極潤」的行銷。此商品在二〇〇四年新發售，調配了高濃度玻尿酸，而且售價只有一千日圓左右，非常便宜。當時我在P&G負責日本與韓國的零售行銷部門，經常檢視新商品，因此記得這款商品上市。

當時基礎化妝品的市場已經商品大眾化，資生堂、佳麗寶、KOSE等等的大廠，商品主打女藝人使用的形象，以及高尚包裝的設計感等，壟斷了市場。

為了展現顧客要求的化妝水滲透感，有些商品的調配成分中含有對肌膚不好的酒精，而樂敦製藥的產品「『肌研』極潤」對成分品質堅持不妥協，顯得格外引人注目。大分子的高濃度玻尿酸配方是它的特點，因此提高對肌膚的滲透感、令人感到發黏是它的特色；成品無視包裝與設計，滿是文字，商品主打的是「添加大量玻尿酸的化妝水」、「製藥公司認真製造的化妝水」等，是典型採用製造商觀點的行銷，根本沒有考慮顧客的看法。

後來我從獵人頭公司那獲得了該公司行銷負責人的職缺。二〇〇六年進入公司，「肌

研」此時一年大概是二十億日圓的銷售額，且停滯不前，而參與行銷的工作人員們，也覺得這產品「還有更多潛力」。該公司的行銷部門原本就有一種獨特的習慣，就是不仰賴定量的調查，而是跑到零售店或鬧區直接聽顧客的意見來思考行銷；這方法聽見的聲音雖是少數，但其中不乏強力支持商品的意見。

因此商品企畫部和廣告製作部共同對實際顧客做了訪談調查。其中有一名客人誇獎產品發黏和便宜，一臉笑容說「臉頰發黏幾乎快把手黏住了」，當場使用產品示範手黏在臉頰的樣子，我們也笑了，並且進一步強調「雖然並不喜歡發黏，但這是保溼的證據」。其實，越黏代表肌膚表面越有得到保護，這也正是高保溼的象徵。

由此我看見了「創意」。我將這位顧客的具體經驗與感想連結商品，主打「讓你的『肌膚Q彈』到手黏在臉上離不開的化妝水」，這個「創意」把化妝水推上了市場第一。要將「創意」轉換為行銷吸引力，須先小規模測試，驗證效果，之後才得以歷經五年以上大規模發展。我可以斷言找出這個「創意」，是讓商品成長至一年一百六十億日圓的銷售規模，達成投入亞洲各國的最大原因。

創意的蛛絲馬跡都藏在一名顧客心理

該怎麼做才能提高銷售額？如何提高利潤？怎麼增加顧客？這些問題每天都讓行銷人員傷腦筋，當然我也一樣，不過，為了發想創意而聚集眾人進行腦力激盪或討論，也無法找到有益的方案，只會提出有既視感，或是稀奇古怪、無論在商品提案或廣告吸引力方面都無法實現的方案。原因是腦力激盪所設想的顧客模樣缺乏具體性。

既然商品或服務有希望送達的顧客，要導出行銷上實用性高的「創意」，深入探討一位實際存在的顧客就是唯一有效的方法。此方法的準備方式，就是以顧客分析的架構，掌握整體目標對象，設定「要深入探討哪個區間的N1顧客，希望了解什麼」。設定具體的N1，才能和具體的「創意」連結。

「創意」並非只能從部分的行銷領導人或開發人員的靈感創造出來，按部就班也一定能抓住線索。另一方面，「創意」並非僅用理性或理論就能發想出來，畢竟人的行動並非只憑理性，還會受心理活動、深層心理變化的影響。為了擺脫競爭對手，呈現突出的成果，創意的蛛絲馬跡都在一名顧客的心理。

那麼，下一章開始，我將解說如何發想出讓事業大幅躍進的「創意」，以及「單一顧客分析法」的實踐方法。

序章摘要

1.「單一顧客分析法」是以顧客為出發點思考。
2. 把市場分隔成顧客區間，再視覺化、定量化。
3. 從N1分析創造出「創意」，定量驗證後投資。

第1章

打動一人的行銷創意，打動萬人心

本章將說明在行銷上有效的「創意」定義，以及為了導出創意，為什麼應該集中探討一名顧客，還有「N1」的意義。持續對顧客訪談與分析，累積許多事例的結果，才能明白有效「創意」成立的條件，以及其導出的方式。

01 真創意與噱頭的差別

創意須兼具獨特性與效益

本書為了明確定義「創意」，可以用「獨特性」與「效益」的四個象限來表示（圖1-1）。先說結論，兼具獨特性與效益的「創意」，是行銷上最重要的因素。

所謂的獨特性，就是別人沒有的特性，換句話說就是獨一無二、沒有既視感。英語也可以稱為「Only-one Uniqueness」。我進一步定義為具備「Never」的要素，**意即前所未見、前所未聞、未曾碰過、未曾聞過、未曾體驗、未曾以五感感知過的特性**，人通常會關注這類

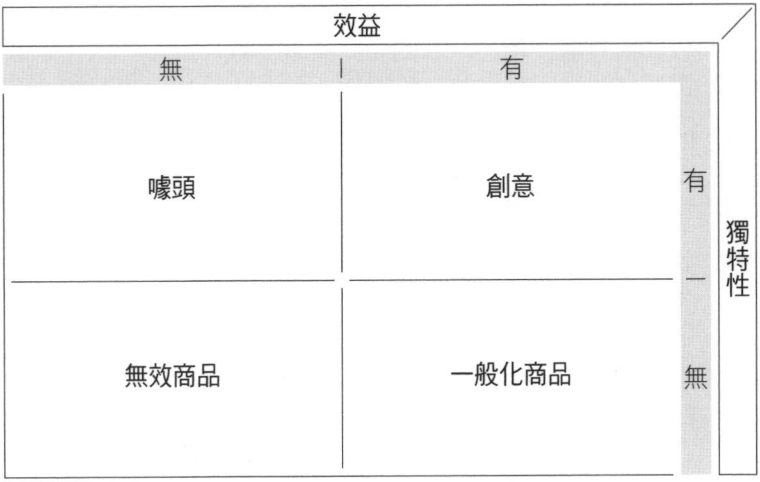

圖 1-1　獨特性與效益的四個象限

的事物。總之，有無獨特性，可以用是否值得關注做確認。

另一方面，所謂的效益，意思是對顧客而言，方便且有好處，也可以用 benefit 或 merit 來表示，透過利用它可以獲得有形、無形的價值，此外，還可以用「便利、賺頭、有利、快、樂」等詞彙來表達。**效益會影響判斷此商品或服務值不值得購買，值不值得花時間。**

以此組合畫出四個象限，位於象限右上方的，是兼具獨特性與效益，可以稱為「創意」。其他象限的意義也很明確，讓我們來逐一看看。

首先是右下，無獨特性、有效益，是所謂的「一般化商品」（commodity）。所謂的一般化商品，指的是有替代性的商品或服務，在市場上經營的價值和競爭對手同等，以行銷來說，指的是沒有差異化的商品或服務。

接著是左上，有獨特性但無效益者，這一項具備了會購買或花時間，但卻沒有價值的特徵，只是用來吸引人目光的「噱頭」（花招），這類事物本身沒有效益，因此或許也能稱為詐欺。即使商品本身或用包裝、電視廣告等方式呈現出獨創的特徵，但若沒有提供顧客相對的效益，不過是短暫的娛樂罷了。

最後在左下無獨特性也無效益的是什麼？那只是浪費各種資源的「無效商品」。花在開發的時間、費用或傳播成本，全部都是白費功夫。

我認為**以此四個象限劃分，若沒有同時具備獨特性與效益，就不算新價值的提案，並非「創意」**。和擁有獨特性相類似的意思，行銷上多用的詞彙是「差異化」，這是麥可．波特的著作《競爭策略》（*Competitive Strategy*）使用的詞彙，原本的意圖是提倡獨特性，但一般情況下，在和競爭對手相同的效益上，會被誤解為「比較高、強、優秀、滋潤、乾淨」等比較優越的意義。如果沒有獨特性，只有比較優越性，就會在競爭時接近此四個象限的一般化商品狀態，和波特原本提倡的差異化意思不同。

本書所說的獨特性，意思皆為獨一無二、Only-one Uniqueness。獨特性薄弱，就會陷入一般化商品競爭，當然，一般化商品競爭也是行銷的對象，但要達成壓倒性的成長，就必須從商品或服務誕生時就開始構思，經常創造出「創意」並持續發想。

有稀世行銷天才之稱的史蒂夫・賈伯斯（Steve Jobs）留下了這樣的言論：「當你想追求美女時，情敵送了十朵玫瑰花，你就送十五朵嗎？這麼想你就輸了。對手做什麼根本無關緊要，看透那個女生真正想要什麼才重要。」*

創意分兩種：「產品創意」與「傳播創意」

這裡我們將開始以兼具獨特性與效益的「創意」為前提，更進一步探討。在行銷業務上，「創意」可大致分為以下兩種（圖 1-2）。

* 出自《改變人生的史蒂夫・賈伯斯演講》，國際文化研究室編，GOMA-BOOKS。

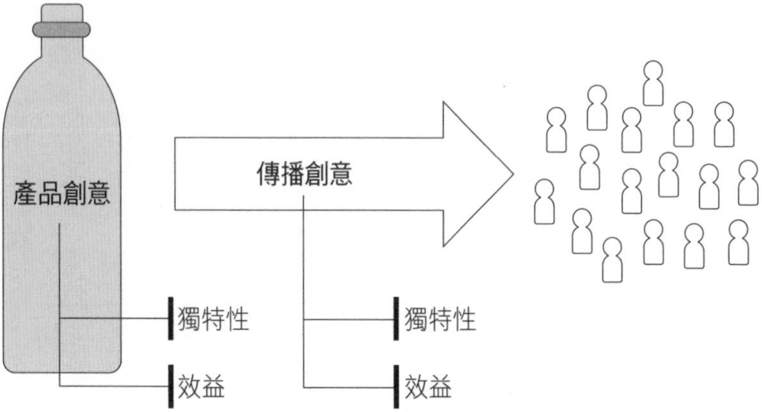

圖 1-2　產品創意與傳播創意

1. **「產品創意」**：商品或服務本身。
2. **「傳播創意」**：用來讓目標顧客認知到商品或服務的手法。

雖然各自可以適用獨特性與效益的四個象限，但此二者中，「產品創意」是主體，「傳播創意」是從屬要素，有明確的主從關係。簡單來說，即使「產品創意」的獨特性稍弱，只要有效益，以「傳播創意」來補強，還是可能提升銷售額或培養品牌；但若商品或服務本身沒有效益，不可能只靠「傳播創意」獲得中長期的銷售額。以下將詳細解說。

產品創意：商品或服務本身

「產品創意」意指對於目標顧客，商品或服務本身有獨特的功能或特徵，且具備具體的效益。例如 iPhone 上市時，手機上配備了音樂播放器 iPod 的功能，又能連接網路，形成了智慧型手機，其擁有獨特性又兼具效益，是最強的商品類型；如果獨特性與效益並無連結，在四個象限中就屬於噱頭、詐欺。

舉例來說，波浪形有厚度的洋芋片具有獨特性，這個獨特性本身連結至「有口感、很美味」的效益；星形的洋芋片則是形狀與美味無關，因此，即使為了獨特的外型、覺得有趣而買一次，也很難持續購買，檢視過去的熱門商品，可以找到許多這類短命的商品。這種狀況通常不是偶然，而是商品上市時就能預見的結果，當然，有時候也會為了製造短期的銷售額，特意發售這類商品，但若非如此，想知道是否能讓客人持續購買，就必須驗證有無「產品創意」。

最理想的情況是像前述的 iPhone 一樣，獨特性本身就是效益，住宿服務的愛彼迎（Airbnb）和載客服務的優步（Uber）也是如此。我參與過的品牌，像是樂敦製藥的「肌研」、歐舒丹、SmartNews，也都是在誕生時就具備「獨特性＝效益」。

次理想的狀況是，堅實的獨特性支持效益。例如感冒藥的特色是「加入了獨特的有效成分○○很有效」，「○○」的獨特性就能支持顧客需要「治好感冒」的效益，P&G 有一句行銷用語「Reason to Believe」（RTB），意思是足以相信的理由，在這個例子上，RTB是含有「○○」，因此顧客願意購買，而治好感冒的這個效益，則是每一種感冒藥共同強調的特點。當然，要發想出這種「產品創意」並不容易，但我認為創造出兼具獨特性與效益的「創意」，是行銷的職責之一。

另一方面，伴隨「產品創意」在市場上登場，不久便取得成功的商品或服務，毫無例外都會有追隨的競爭商品立刻問市，使具有獨特性的商品大眾化，例如「肌研」和SmartNews現在也有幾個競爭對手，這道理不言而喻。

為了在這場商品大眾化競爭中勝出，應該維持與效益相連的獨特性，不斷升級「產品創意」，同時還需要的就是「傳播創意」。

傳播創意：引發購買動機的手法

「傳播創意」這個詞的意思是把「產品創意」傳達給目標顧客，用來引發購買行動，傳播本身的「創意」。傳播也建立在獨特性與效益的組合上。

所謂傳播的獨特性，指的是廣告或實體活動、推銷結構等的獨特性。廣告是比較好理解的例子，意思是廣告使用的語言、視覺效果、影像、戲劇、故事情節、藝人等是否具備沒有既視感的獨特性。前面提過「獨特性就是值得關注」，所以廣告的創意若無獨特性，就無法吸引人。

另一方面，所謂傳播的效益，意思是接收廣告的目標顧客能夠獲取具體的效益，也就是接觸廣告這件事本身，是不是很愉快、有趣、舒服，能夠帶來正面的要素。傳播本身有獨特性，接觸時又能獲得效益，滿足此兩個條件，就是「傳播創意」。

知名的成功案例可以舉軟銀為例，該公司在二〇〇六年收購日本沃達豐（英國跨國電信公司），廣告起用當時高人氣的卡麥蓉・狄亞（Cameron Diaz）與布萊德・彼特（Brad Pitt），二〇〇七年開始推出有「狗狗的爸爸」登場的「白戶家」系列等電視廣告，讓業績大幅飛躍。

比起日本電信公司 NTT DoCoMo、KDDI 這些大型企業，軟銀是以後起之姿，在「傳播創意」訴求強大的獨特性而成功的案例；二〇〇八年七月開始獨家販售 iPhone，令人關注，之後直到二〇一二年 KDDI 也發售 iPhone 為止，獨家販售 iPhone 可以說是壓倒性的「產品創意」，支持了軟銀的成長。

這裡不可混淆的是，傳播的成功與「產品創意」本身的成功。蔚為話題的廣告有獨特性，而廣告本身的趣味等特質，則是一項效益傳播。這種廣告因社交擴散廣受好評、獲得廣告獎，卻未必連結至購買商品或服務；軟銀巧妙組合「傳播創意」與「產品創意」獲得了成功，但許多大受歡迎的電視廣告，卻出現無法從廣告連結至購買的問題。

「傳播創意」即使因為獨特性吸引目光，若其效益與產品本身的效益未能結合就沒有作用，只把廣告的趣味當作效益接收，並無附帶產品的效益，無法連結至購買。

先「產品創意」再「傳播創意」

如前所述，此兩者有主從關係，一定是「產品創意」先行。無論「傳播創意」的獨特性和效益多麼優秀，當「產品創意」很薄弱時，頂多只能確保短暫的銷售額而已，難以對事業成長有幫助，應鞏固「產品創意」後，再視狀況決定「傳播創意」的任務（圖1-3）。

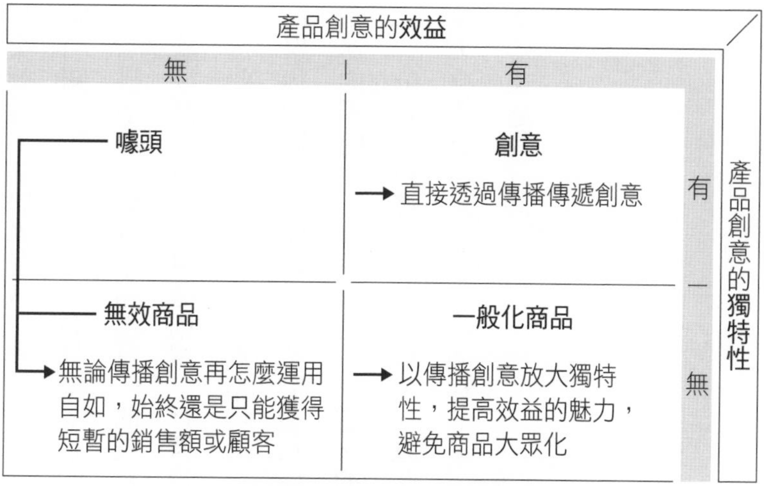

圖 1-3　傳播創意對產品創意的操作方式

若「產品創意」本身很強，「傳播創意」就無須刻意追求創意的獨特性，因為產品本身既能吸引目光，也有值得購買的效益；這對從事廣告的工作者來說或許很可惜，因為沒有大展身手的機會，但把「產品創意」的價值，也就是產品的獨特性與效益直接傳遞給目標顧客，這種廣告一定可以連結至購買行動，無須做任何額外的事。另外，也有非常多案例是，明明「產品創意」很顯著，電視廣告卻奇妙的別出心裁，讓人搞不懂到底是什麼商品或服務，無法傳遞「產品創意」本來的強度。

相反的，「產品創意」的獨特性即使較弱，但在效益強的情況下（屬於四象限中的「一般化商品」），若以「傳播創意」的獨特性來彌補，加強商品或服務的效益，加深印象，也可以獲得不錯的結果。因為只要以傳播來吸引關注，讓客人了解商品或服務的效益，再實際體驗就行了。

只不過，若「產品創意」的效益比較弱（屬於四象限中的「噱頭」或「無效商品」），無論以多麼強的「傳播創意」打廣告，最終也只能創造短暫的銷售額。

此外，現實中成功引進市場的「產品創意」會出現許多競爭對手。獲得初期成功之後，市場逐步擴大，同時也開始需要和均質化、商品大眾化作戰。最重要的是，為了維持與效益相連的獨特性，升級「產品創意」的同時還要避免因為「傳播創意」而使商品大眾化。

針對如何追隨商品或服務、強化「產品創意」等，是行銷人員需肩負起的職責。概括來說，有了對「產品創意」的理解與共鳴以及親身經驗，才能建立品牌，並非使用「傳播創意」來建立品牌。

產品弱，「傳播創意」是有極限的

若有龐大的資本或銷售能力，並能找出現有的大市場，即使產品獨特性弱也可能單憑基本的效益取勝。也就是即使商品接近一般化商品，只要能發想出讓顧客感覺到獨特性與效益的「傳播創意」，再加上大規模的媒體投資，製造體驗與購買的場合，仍不失為勝利的方法；便算是難以理解的獨特性，只要設計包裝的形狀或設計、命名、電視廣告、宣傳活動、數位宣傳措施，以及零售店面，力求大規模全方位的宣傳，還是可能培養品牌。

可是，現實上大部分的企業或新創公司都沒有如此龐大的資源，因此我認為難以運用這種以量取勝的策略，而且要製作出強大的「傳播創意」也不是件容易的事。行銷人員同樣需要有相應的經驗，因此培育人才也非常困難，事實上，即使錄取已有經驗者，符合需求的人才也不多。即使委託廣告代理商，以上的困境也依然存在。畢竟，**對於「產品創意」弱的商品而言，承包給廣告代理商請他們設計出不錯的宣傳方案，到頭來也無法讓銷售額成長**。

審視行銷環境對於獨特性弱的商品或服務來說，越來越不管用了。八〇、九〇、二〇〇〇年代，光靠起用知名藝人就能引起媒體大幅報導，輕易就能在日常生活造成話題；在

EC（電商）的黎明期，流通只限於店鋪的時候，資訊的流通也僅限於四大傳播媒體，因為資訊量很少，一點點的差距（獨特性弱）就可以當作新聞傳達給許多顧客。

二〇〇七年 iPhone 上市是智慧型手機滲透市場的一個契機，資訊的流通量呈現飛躍性成長，也擴增了取得資訊的管道，那些規模小或是不夠好的「媒體」不再引人注意，瞬間就被埋沒了。

以數位領域為中心，社群行銷、影響力行銷、口耳相傳等，各式各樣的新傳播手法被提出，若沒有強力的「產品創意」，用這些方法並無法讓商品或服務廣為擴散；即便投資後確實可以提高曝光次數與播放次數、訊息似乎也傳播出去了，但這並不代表能形成龐大認知或產生購買行為。有些產品曝光次數達兩千萬，影片也播放了三百萬次，但就我所知，能把這些流量轉為鉅額銷售額的案例並不多。

這些方法本身並不是關鍵。僅有相對價值，只訴諸產品的比較優勢，光靠這些策略已經不夠了，現今帶有獨特性與效益的「創意」本身，才是該探究的關鍵。

行銷成功的第三要素：早期品牌認知的形成

前文說明了行銷中重要的「產品創意」與「傳播創意」，而行銷要成功，還有另一件重要的事——早期的認知形成。

即使開發出帶有強烈獨特性與效益的「產品創意」，許多時候也會被模仿的追隨者奪去地位，變成類似的利基（指小眾市場）品牌。Mercari 是後起的跳蚤市場 APP，「肌研」其實也是後起的玻尿酸類化妝水，但兩者都獲得早期的認知形成，成為該領域的第一。

相反地，SmartNews 是日本最初的新聞 APP，以強大獨特性與效益在市場上亮相並得到接納，卻被之後才上市的競爭對手領先，形成品牌認知，導致成長停滯，險些成為利基品牌。

在形形色色的領域中，其實有許多領導品牌，都是此類「產品創意」的後起商品。這個事實說明了早期認知形成的重要性。

明明是因為形成的認知不足而賣不好，卻僅為了表面上銷售額停滯而中斷投資，這種案例所在多有，到底銷售額無法成長的原因是「產品創意」本身有問題，還是消費者認知不足，若不冷靜辨別，也就錯失了成長的機會。

軟銀以「時間機器經營」理論進行的投資，是著名活用認知形成的速度，使事業突飛猛進的案例。搶先找出世界各地剛萌芽但強大的「產品創意」，將之移至日本開發，在創始公司進入日本以前，就先造成消費者對此領域的認知。

其實中國也可以看到相同的策略。Google、YouTube、Facebook、Amazon、Twitter 都還未能進入中國，但百度、阿里巴巴，以及騰訊這些中國企業已經展開同樣的服務，獨占中國國內市場，並以其壓倒性的獲利能力收購海外企業，前進世界，這是中國政府貫徹「基於國防理由不能讓網路類服務從外國進入」的方針，讓國內企業把「時間機器經營」化為可能的結果。對中國人來說，國外可以看到的 Google、YouTube、Facebook、Amazon、Twitter，每一個都只不過是類似中國國內曾看見的某個服務而已。

除了數位科技，我們可以看見許多同樣的例子。在碳酸飲料市場，可口可樂是世界級的第一品牌，但在中東和近東，以及亞洲部分國家，則是較它早進入市場的百事可樂領先形成認知，長久維持第一的地位。

位居漢堡連鎖店龍頭的麥當勞也在各國有同樣的經驗，在麥當勞進入英國之前是

1. 產品創意
2. 傳播創意
3. 早期品牌認知的形成

圖 1-4　行銷成功的必備三要素

Wimpy 這家本地漢堡連鎖店為知名的第一品牌，當時的英國認為美味速食的漢堡就是 Wimpy，麥當勞在當時進入市場，只是「產品創意」較弱的翻版，之後因為大規模投資與 Wimpy 的失策，麥當勞才慢慢奪走主導權；不過初期的漢堡連鎖店也因為遲於形成認知，而需要較多的投資與時間。

總之，可以說強大的「產品創意」與「傳播創意」，再加上「目標顧客的早期認知形成」是成功的三要素（圖 1-4）。從追隨者的角度來看；**若能找出擁有優秀的「產品創意」卻遲於形成認知的商品或服務，再加以投資開發，一口氣讓消費者獲得認知，還是有可能奪下該領域的市場**。只要沒有專利技術或政府規定等特殊的進入壁壘，以顧客的觀點來看，是不是創始公司並沒有關係，搶先形成認知的競爭者才會被當作「正版」支配該領域。

從創意面思考產品的潛力

以「產品創意」的認知形成觀點來看，世上的商品或服務，大部分連獲得目標全體顧客的五〇％認知都辦不到。在我參與過的計畫中，目標全體顧客的認知率超過五〇％的情況，約三成左右，大部分的商品都還有一半的目標顧客不知道它們的存在，本質上算是新商品。

相反地，對於未認知自家商品的顧客層而言，若讓追隨的競爭對手先獲得認知，就有讓市場一口氣偏向競爭對手的風險。當模仿自家商品的競爭商品上市時，我們很容易會輕視它，覺得那僅僅是模仿，「不是新的」不會構成威脅，可是，對於未認知的顧客而言，那項競爭商品對他們來說還是「新商品」。這也是為什麼我們應該以顧客為起點去思考的原因。

往好的方面想，連行銷目標全體顧客五〇％的認知都尚未獲得的商品，表示擁有未來實現顧客數或銷售額雙倍以上的成長潛力；往壞的地方想，因為追隨的競爭對手加入市場，也有很大風險喪失商機。（圖1-5）。

若簡單整理，為何存在未能實現成長的潛力，主要可以列出以下三點。以下記述各點該努力的方向。

1. 本來就不知道（未認知）

- 重新研究行銷投資的目標顧客與訴求內容
- 重新研究媒體的選擇或投資量（特別是有些認知形成不是透過大眾傳媒）

2. 知道但沒購買動機（有認知但未購買）

- 重新研究目標顧客層與訴求內容（辨別是「產品創意」的問題，還是「傳播創意」的問題，並強化「創意」）
- 重新研究對於效益的價格是否適切（辨別可接受的價格後重定價格）
- 改良原本的產品創意（以四象限詳查是否具備獨特性與效益，並再加以強化）

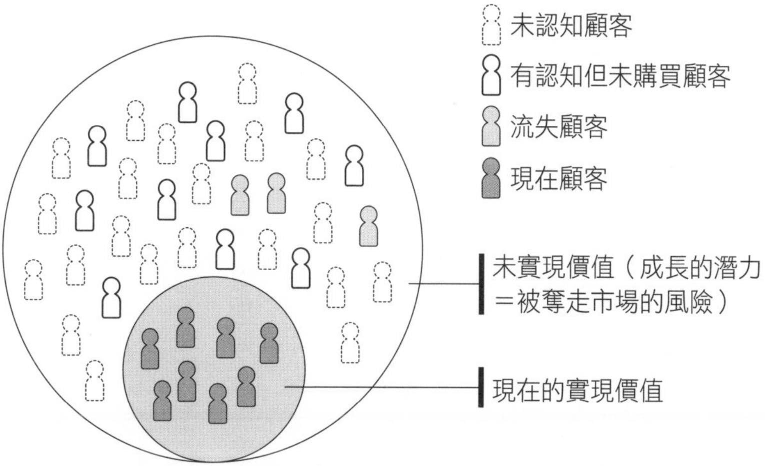

圖 1-5　品牌的潛力＝風險與現在的實現價值

3. 知道也想購買但不知道銷售通路在哪（有認知但未購買）

- 擴大銷售通路，或是強化在哪裡可以買到的通路認知

各種策略方向和「創意」應該事先做概念評估或進行試銷後再執行。下一節開始，我將說明為什麼以一名顧客為對象，進行「N1分析」來發想出這個「創意」很重要。

02 好好分析一人勝過千人市調

聚焦一人，行銷反而更有效

繼「創意」之後，接下來談談為什麼需要深入探討一名顧客（N1），縮限範圍的意義是什麼。

既然要建立強大的行銷策略，以N1為出發點的行銷，比起以一千人為對象重要多了。例如選聖誕禮物給某人的時候，以下三個選項中，你最有自信可以討得對方歡心的選項是哪一個？

1. 你的小孩、妻子、丈夫、情人，其中一人
2. 你的同事或同班同學二十人
3. 大學畢業，現居東京都，家庭年收八百萬以上日圓，有小孩的一千名職業婦女

我想答案很明顯了，從能夠確實理解的特定一人到多人，對象若變成自己無法了解的多人，實在難以想像要送什麼禮物才能討得歡心。

若要送禮給自己已經深刻理解的單一人，考量對方的喜好、嗜好、生活態度、價值觀、擁有什麼，以及平常對什麼有興趣，有較高的可能性能夠選出比本人預期更好的禮物；比起選項2.或選項3.，選項1.明顯成功機率高多了不是嗎？

找出購買行動的「契機」

購買行動的背後一定有一個契機，若只單看行動，便無法得知契機為何。分析單一顧客

圖 1-6　購買行動的背後一定有「契機」

的「N1分析」之所以重要，就是它能找出左右購買行動的根本原因，這個原因在很多時候連顧客自己也沒有明確的意識，即使直接詢問「購買原因是什麼？」也答不出來，或者就算答出來了，恐怕也不是真的。

與購買行動有直接關聯的原因，就是顧客產生心理認知的契機，顧客知道「購買的品牌對自己而言帶來特別的效益」。大部分的情況，改變一名顧客的心理可以歸納成是一個契機。

透過某種傳播或體驗，認識到這個品牌獨特魅力的效益而第一次購買，也就是顧客化時的重要契機；更進一步使顧客忠誠化的重要契機是什麼，也可以用N1分析找出來（圖1-6）。以此N1分析可以找出影響品牌成敗、未來成長的最大因素。

在一般的統計學上，為了讓分析呈現顯著性差異，需要一定規模的回答數（N數），它取決於目標總體數，以及誤差範圍正負五%等所需的顯著性水準而不同。

可是，用來發想「創意」的有效調查與統計學不同，為了確實了解趨勢或差異，需要一定的N數，但若認為調查越多人就越能掌握「創意」則是誤解。不能徹底探究具體的個人層次「N＝1」，便無法指望行銷有成果，這是光靠邏輯也無法找出答案的行銷極限。

平均值的調查，難以掌握人心

從「N＝多數」的調查中，所得的結果即為平均值，只不過是最大公約數，我認為用這個調查來做商品開發或行銷活動都難以掌握人心，這會淪為反覆提出無人強力否定或支持，不礙事卻有既視感的提案。

身邊也有許多這樣的案例，想做點什麼，卻又反覆投資在平均值的策略上，最後成了沒有利潤的商品，我將此稱之為「思考群眾」。這個問題並非是使用大眾傳媒的大眾行銷，而是思考尋求最大公約數的問題。

我也曾因為拘泥於「思考群眾」而反覆失敗過，雖然在統計學、邏輯上很完美，卻不成功，我認為這是因為從數量調查來進行商品規畫或行銷計畫，成了沒有邊際又妥協的提案；換句話說，也就是看不見有效的「創意」。

行銷和選禮物有相似之處，成功的行銷，一切應該以「單一顧客」（N１）為基礎來思考，從深入理解其生活開始；規畫或行銷所追求的重點是，徹底以N１為出發點，不求平均值或最大公約數，而是有獨特性的「產品創意」與「傳播創意」。

另一方面，**行銷和選禮物的不同之處，在於不能取悅一人以後就結束了，獲得「創意」後，應該用數量調查或試銷，驗證是否對其他人也有效，再進行投資；此外，必須評估實際試驗之後，其結果所帶來的顧客行動變化與心理變化，累積學習，讓事業持續成長。**以宏觀的層次掌握顧客的變化，推算數量上的機會與風險也顯得十分重要，總之，宏觀與N１的微觀，兩方面的觀點都不可或缺。

先取悅小眾，才能討好大眾

不少人會擔憂聚焦一名顧客。大部分的人，會因為「過於利基，市場狹小」「不能冒這種風險」而對限縮關注於一人產生猶豫，不過仔細想想，創造出我們生活中各式各樣的商品或服務，出發點幾乎都是「讓特定的某個人開心、幸福、變方便」，假設這個特定的某人，就是製造者本人，「製造自己想要的東西」這種軼事，是商品開發幕後常見的故事。

實際上，我擔任顧問時，介紹以N1為出發點的思考方式時，特別業主公司的經營者，許多人深有共鳴，他們毫無例外，都歷經了一段「任性做自己想要的東西，才讓公司變大」的過程。

矛盾的是，因為徹底縮限在N1才能創造出強大的獨特性與效益，也就是「產品創意」；沒有縮限範圍就只能提出平均值或最大公約數的提案和企畫，其結果就是默默無聞。正因為聚焦單一顧客，才有影響其他人的可能性、獲得強大「創意」的線索。

第1章摘要

1. 行銷上的「創意」是獨特性與效益的組合。
2.「產品創意」與「傳播創意」不同。
3.「產品創意」的早期認知形成，可建立強大的品牌。

專欄 1

從蘋果看「創意」的變遷

提到蘋果的廣告展示，我想大家的腦海中應該都有一定的印象。雖然有時候，在畫面大小或相機畫質等處強調的點不同，但一貫的作風都是直接傳達產品的魅力。要說有精雕細琢的部分，也不過是電視廣告播放的音樂吧。

以這個一貫的廣告展示為根本，有人評價「蘋果的廣告很棒，品牌管理傑出」，這點我不否認，但以第一章介紹過的「創意」定義來解讀，則會形成其他的見解。因為大家很熟悉iPhone的廣告傳播，請讓我以此為例稍微解說。

iPhone在二〇〇七年上市，它的概念是「可以打電話的iPod」。而現在iPhone當作電話溝通使用的宣傳已經縮減，大家已認為它是手掌可容納的個人電腦，但我們知道在上市當時，始終重視的是「電話」功能。根據 WIRED.jp 的報導*，據說當時蘋果的幹部看到隨身攜帶 iPod 和手機的人，推測「遲早會合成一台」，於是完成了 iPhone 的開發。

實際上在二〇〇七年一月 iPhone 上市時，史蒂夫．賈伯斯所強調的功能，是以下三點 1.使用觸控操作的寬螢幕 iPod；2.創新的手機；3.劃時代的網路通訊裝置。特別是殺手級應用（killer app）強調 iPhone 是電話，並在舞台上現場表演電話會議，這段展示很有名。

iPod 本身已具備市場上無可匹敵的「產品創意」，而 iPhone 的「產品創意」是什麼，可以解讀為「能夠保存、攜帶照片或音樂」（iPod 原本的獨特性）而且「也能打電話」（新的效益）。它的起源就是以 iPod 的獨特性為契機，電話的重新發明。

那現在的狀況如何呢？我想應該幾乎沒有人會認為「iPhone ＝電話」。前文舉出的第三點，網路通訊裝置這一面逐漸放大，iPhone 已不是電話，而是行動計算的掌旗手。當然隨後出現了接踵而來的競爭，iPhone 也從「iPod ＋電話」歷經十多年，經常掌握使用者的需

* 出自 WIRED.jp「相關人員回顧『iPhone 的十年』，以及賈伯斯也看不見的未來」https://wired.jp/2017/07/01/apple-iphone-10th-anniversary/

求，刷新「產品創意」，並以「傳播創意」將此創意原封不動地傳達給顧客獲得強力支持。

廣告的形式或呈現方式與當初相比幾乎沒變。廣告本身簡單而有魅力，但我坦白說不怕讀者誤解，它的「傳播創意」本身即帶有獨特性，至於有沒有創意，我認為倒沒有，沒有精心設計，也不用藝人廣告，甚至也沒加入和產品無關的情節或戲劇性，只是在那個時間把推出的部分「產品創意」提出來傳達而已。

廣告的色調與形式經常是固定的簡練風格，因此雖然一般認為蘋果的品牌管理很高明，但以「創意」的定義來思考，蘋果絕非因為「傳播創意」很優秀才能奠定如今的地位，因為不管是誰應該都會同意蘋果原來的「產品創意」本身就很出色。貫徹以產品為中心的開發，並直接傳達這點，蘋果才能聞名於世，這點我在第一章以理想的情況解說過，可以解讀為因為「產品創意」的獨特性與效益強大，而無須精心設計「傳播創意」的狀態。

可是在賈伯斯離世後，行動裝置的競爭更加激烈，出現均質化與低價的品牌，很明顯甚至連蘋果要提供壓倒性的「產品創意」都有困難了。二〇一八年年底，蘋果因公布 iPhone 的銷售數量減少的結果而股價下跌，一般認為原因始自「產品創意」的課題，使用者對缺乏「創意」非常敏感。未來蘋果要以怎樣的新「創意」抓住顧客的心，令人關注。

第2章

行銷策略的起手式：顧客金字塔

本章介紹顧客分析法的基本架構——「顧客金字塔」（五格區間圖）的制定與運用方法。將行銷對象的既有顧客與潛在顧客全部定量化後，可分成五類，再進一步做「N1分析」與發想「創意」，透過開發對策，實踐策略性的行銷。

03

把行銷對象分成五大類

用三問題全面掌握顧客分類

根據不同企業與品牌，可進行各式各樣的顧客分析與分類。我過去也曾試過各種架構，但最簡單且具備高通用性的，還是「顧客金字塔」（圖2-1），這是把商品或服務的全體顧客層，分類成以下五個區間的方法。

- **忠實顧客**

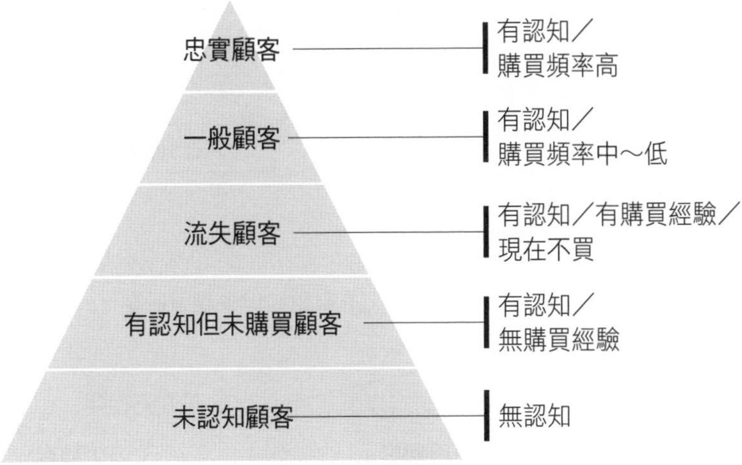

圖 2-1　顧客金字塔

- **一般顧客**
- **流失顧客**
- **有認知但未購買顧客**
- **未認知顧客**

全面掌握行銷的投資對象，目標涵蓋了潛在顧客層，因此範圍不僅是現在的顧客，也包含流失顧客、有認知卻未曾買過的未購買者，還有品牌的未認知者。以上分類可以用下列的三個問題簡單調查後制定，也能用低成本的網路調查分類。

1. **是否知道這個品牌（認知）**
2. **過去是否曾經購買（購買）**
3. **購買的頻率如何**（每日、每月、每三個月

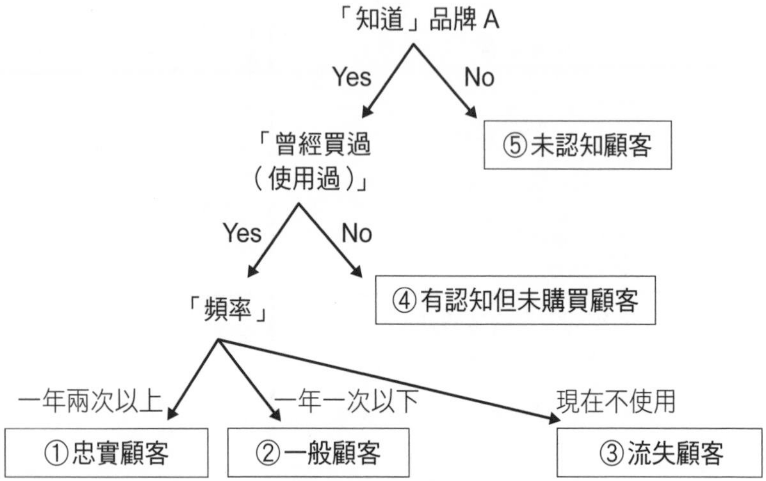

圖 2-2　制定顧客金字塔的調查樹狀圖

一次、最近沒買過……之類的購買頻率）

例如某品牌以二十至四十九歲女性為目標顧客，對二十至四十九歲的女性做這份調查後，以購買頻率區分出忠實顧客與一般顧客。我認為這個定義可以用主觀決定，假設每天使用，購買頻率大概為二至四個月的護膚產品，一年買該品牌兩瓶以上的人就是忠實顧客，一年買一瓶以下的就是一般顧客（圖2-2）。

把這個比例乘以目標市場母數——實際的二十至四十九歲女性的人口（若在日本，可以使用總務省統計局的推算人口數），即能掌握這五層的人數。若想排除不使用護膚產品的人，只要再將每個年齡層乘以護膚使用率即可。

而 APP 之類的免費服務，可用剛才的問題了解使用經驗和使用頻率。像 SmartNews 這種新聞 APP 的分類可以將「每日使用者」定義為忠實顧客；除了每日使用者以外的「每月使用者」是一般顧客；更少的使用頻率則是流失顧客。目標市場母數是十八歲到六十九歲的所有男女。

這裡所說的認知，不是對品牌名稱的單純認知，指的是伴隨效益的認知。這是問卷調查中，以「請回答這個類別你所知的品牌名稱」的問題才能確認的認知。以 SmartNews 為例，可以提問「請回答你所知道的新聞 APP 的品牌名稱」，針對此問題，就會提出包含競爭對手的品牌名稱給使用者選擇。

雖然這個架構非常單純，卻能視覺化中長期行銷投資的所有可能對象，並進行各種分析。同時，不僅是短期，也可以討論中長期的策略。

從顧客金字塔看出「八二法則」

大家常說的「八〇%的銷售總額由頂部二〇%的顧客產生」，這就是「八二法則」。雖然也有人指出這個法則並不成立，但那是不計算購買頻率，以短期來看不成立，若以橫跨多次購買週期的中長期來看，大部分的商品或服務都會呈現「二〇—八〇」、「三〇—七〇」或「一〇—九〇」之類的頂部集中現象（圖2-3）。

如果是購買週期一到兩個月左右的商品類別，以一年以上的期間來看（購買週期六次以上），這個法則就會成立。

購買週期長的商品，例如像汽車的購買週期是六到七年，若計算單位並非十年以上，我認為應該

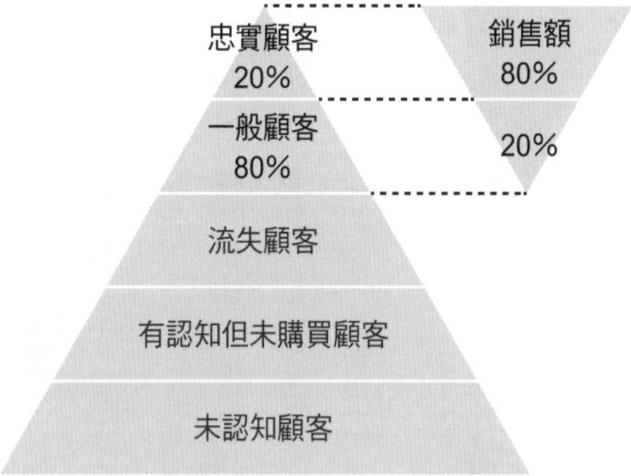

圖 2-3　以多次購買週期來看，銷售額多集中頂部

難以看見這個法則成立。在品牌仍處於創立的時期，購買者的人數還很少，或是品牌購買者人數急速成長或縮減的期間，集中頂部的現象有巨大的變化；只不過，如同前述，若以橫跨多次購買週期的期間來看，一定能看出這個法則的規律。

關於「八二法則」還有一點值得關注，那就是多數的銷售額不僅來自忠實顧客，以利潤來看，更經常集中在頂部，很意外地這是經常忽略的一點，但若未加上這點，就無法正確執行行銷投資。

增加新顧客也是事業版圖的重要一環

之前提過在大部分的品牌，前一〇％到三〇％的顧客貢獻了大半的銷售額或利潤，話雖如此，並不代表就該無視後七〇％到九〇％的顧客。以中長期來看，顧客會產生動態變化，不僅各自的階層會移動，也會發生並用或移動至競爭商品和替代品的情況，例如自家公司的一般顧客變成競爭對手的忠實顧客；有時也會發生相反現象。也就是說，中長期內，有一定比例的忠實顧客會流失，因此若無法兼顧獲得新顧客與忠誠化既有顧客，事業版圖就會縮小。

直到日本的九〇年代前半期，消費人口都在成長，因此新的潛在顧客也以一定比例自然增加。正因如此，用來提升忠誠度的措施和以CRM（Customer Relationship Management，顧客關係管理）為中心的成長才有可能實現。可是，無論再怎麼強大的品牌，都會發生一定比例的忠實顧客流失，再加上若消費人口正在減少，不可能光靠提升忠誠度就能百分百維持顧客。為了增加忠實顧客與新顧客，建構策略時必須依時間排序，追蹤顧客變化以取得平衡。

計算各區間的投資成本、銷售額與利潤

建立顧客金字塔後，就能掌握頂部兩個購買區間的大致年度營收貢獻。以自家公司所掌握的忠實顧客和一般顧客的實際購買資料為基礎，算出各個顧客區間的平均年度購買額，再乘以金字塔的人數，即可計算出大概的銷售額。

如果更進一步概算出對這兩個區間，和其下三個區間的投資成本額，也可以算出這五個

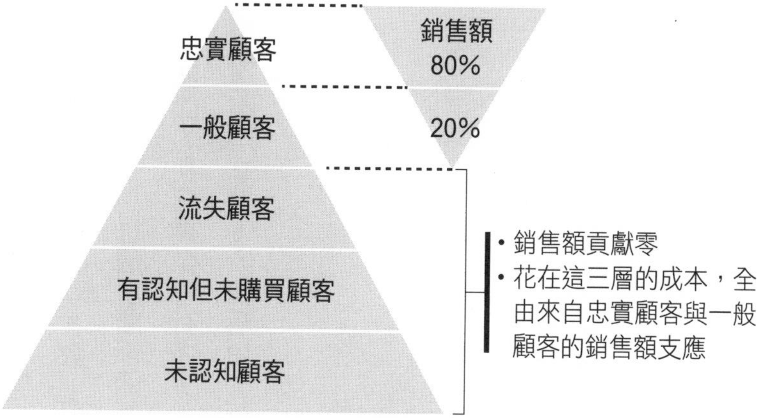

圖 2-4　以多次購買週期來看成本

區間的各個成本與營業利潤。

關於下面的三個階層，因為目前並未創造出銷售額，當然也沒有利潤，於是促銷所需的成本，全由頂部兩個區間的顧客所帶來的利潤支應（圖2-4）。

按照此基礎，可以計算出對所有區間的成本。首先，若為忠實客戶計畫或CRM，因為是針對頂部一層或兩層的策略，可以根據不同對象，只給予一層或兩層的人數比例；若像是電視或公關的大眾投資，考量到也能接觸到既有顧客以外的人，就要按照總區間的每層人數平均分配。

假設目標市場母數的一%是忠實顧客，六〇%是未認知顧客，那麼電視類的大眾廣告投資成本，花在忠實顧客的比例就是總大眾投資的一%；同樣的可以算出對於未認知顧客的成本是六〇%。

更進一步，如果目標市場是數位科技這類的，就分配到各個階層，此外，促進銷售活動，也可以從零售店鋪的顧客數，與實際購買人數的差異，再分配到頂部的四個區間（圖2-5）。

這樣一來，每個區間都能概算出對於每個顧客階層要投資多少、創造多少銷售額，以及這段期間的利潤貢獻會有多少。雖然是估計值，但不僅銷售額，成本與利潤的關係，都能用顧客金字塔掌握，大幅活用於行銷的投資策略。

圖 2-5　掌握各區間的策略（上）與成本的計算方法（下）

	進一步忠誠化的策略	忠誠化的策略	對有購買經驗者的再行銷	對有接觸未購買者的再行銷	大眾廣告	公關
忠實						
一般						
流失						
有認知但未購買						
未認知						

註：表中的深灰色塊，表示對左側目標區間實行的策略。

	★相對目標市場母數的比例	進一步忠誠化的策略	忠誠化的策略	對有購買經驗者的再行銷	對有接觸未購買者的再行銷	大眾廣告	公關	★總額
★成本		A 元	B 元	C 元	D 元	E 元	F 元	
忠實	1%	①				②		④
一般	3%							
流失	6%							
有認知但未購買	30%							
未認知	60%					③		⑤

註：①：A 元皆為忠實顧客取向，因此全額都用在忠實顧客身上
②：E 元是所有目標市場，因此把（E×1%）元投資於忠實顧客身上
③：同上，把（E×60%）投資於未認知顧客身上
④：對忠實顧客的投資額＝A＋（E×1%）＋（F×1%）
⑤：對未認知顧客的投資額＝（E×60%）＋（F×60%）

了解顧客結構，避免成本與勞力分散

過去，我所參與的事業中，營業額與利潤大多集中在頂部。例如在歐舒丹，若把店鋪成本和包含店鋪工作人員的人事費分攤於總待客時間，會發現利潤貢獻集中在頂部，一年期間約一六％的頂部購買者肩負了四二％的總銷售額與一〇〇％的利潤；也就是說，對忠實顧客層以外的投資，全由忠實顧客層產出的利潤所支應。

對頂部的忠實顧客層以外的投資，在短期的利潤貢獻很低或赤字（圖2-6）。透過將此事實視覺化，思考是否應該刪除或減少花在一般顧客以下的投資，或者以中長期的LTV（Lifetime Value，顧客終身價值）來看，是否該繼續投資，明顯需要驗證。

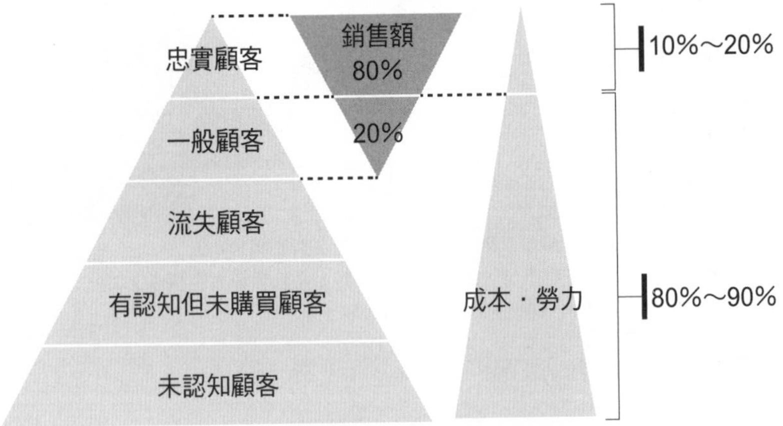

圖 2-6　銷售額與成本的八二法則

要正確驗證中長期的投資價值，必須做財務分析或概念測試等，**首先須以顧客金字塔掌握每個區間的「顧客數」、「年度銷售額」、「成本」和「利潤」**，才可能驗證投資策略**「以哪個顧客區間為目標」、「該以什麼為目的投資」、「什麼時候該達成什麼目標」**，我們可以討論五個顧客區間的各個策略。

相反地，**在沒有顧客金字塔的狀態下，若只想提升銷售額、提高利潤，只會讓成本與勞力分散**。為了提高利潤，單純的削減成本很有可能會導致銷售額下降的降值惡性循環。

以時序追蹤顧客金字塔，可以得知各區間的顧客增加了多少。於是我們能大致掌握來自何處的銷售額有成長、利潤產自哪裡，身為行銷人員，就能夠明確知道從現在開始的中長期時間內，必須做些什麼。

別只把焦點放在忠實和一般顧客

關於顧客分析，以購買資訊為基礎，著名的分析法是把顧客分成三類的「RFM分析」，這是以Recency（最近一次何時購買）、Frequency（購買頻率）、Monetary（購買金額）三軸來區隔顧客的方法，或者也可以用年度的購買額或購買數來進行顧客區隔分析。

這對於了解現在的顧客狀態很有效，但光靠這個分析，思考和策略很容易集中在顧客金字塔的前兩層（忠實顧客與一般顧客）。流失顧客該怎麼辦？有認知但未購買的顧客該怎麼把他們變成顧客？如何提高未認知顧客的認知？此方法欠缺這些中長期成長不可或缺的觀點。如此一來，容易陷入只思考提升既有顧客的購買頻率或購買額，只把精力灌注在促進銷售或CRM活動上，這樣單純的重複活動，應該很難能有持續的成長。

在實際的市場上，存在許多過去曾買過而如今疏遠的流失顧客，還有雖然對品牌有認知卻未購買的顧客，以及甚至連認知都沒有的顧客，他們都各有不同的機會，需要各自不同的策略。可是光靠基於現狀購買數據的RFM分析，無法將這些機會納入視野中，只會持續對現在的顧客進行促銷活動。

按理來說，無論怎樣的商品或服務，首先都要對這個品牌有認知，再因為某種心理變化而移至第一次的行動（使用、購買）。「該怎麼從零開始創造品牌認知？」或「該引起怎樣的心理變化？」是行銷的目標，使用把既有顧客當焦點的RFM分析，無法得到這項對策。

當然，對應各個顧客區間的策略和投資計畫，回收報酬的預期時間也不同，因此為了培育中長期的品牌，重要的是掌握各顧客區間的增減與動向。

04 相輔相成的行為數據與心理數據

靠行為數據，在最佳時機提出最佳行銷方案

在前面的章節，我們將顧客大致分為五個區間，接著活用這個分類，進行各區間的詳細顧客分析。這項分析中重要的是，分析顧客的「行為數據」，和造成其行為原因的「心理數據」這兩個方面。

行為數據的代表是POS（Point of Sale，銷售時點信息系統）數據、忠誠會員卡資訊、付費外部資料庫的購買資訊（物品、金額、時機、場所、頻率）。此外，網路上的行為

也能透過外部的供應商服務或 DMP（Data Management Platform，數據管理平台）等，取得 Email 開信率、回信率、Web 或 APP 的存取資訊、社交記錄檔、Cookie 資訊、位置資訊、自家公司 EC 的購買資訊等。在 EC 事業上，需掌握每位顧客所有的行銷活動或品牌接觸點的顧客行為數據。

有關顧客的媒體接觸數據，以及購買通路或競爭品牌的購買行為數據，能夠從量化的問卷調查取得。

行為數據透過這些分析，在最適合的時機提出最適合的行銷提案，就能對銷售額或利潤有所貢獻，特別是 EC 事業或郵購業界，詳細分析顧客的行為數據，並即時反覆做 A／B 測試，同時建構利潤性高的商務活動。

可是，光靠行為數據分析還不夠充分，因為我們必須深入探討左右這個行為的「心理性原因」。事實上即使不知道原因，只要反覆進行 A／B 測試，也可以制定出更貼近完美的行銷計畫，但這就等於是在看不見門柱的狀態下進行射門，此外，A 這個策略即使成功了，若不理解成功的心理面原因，就不具有再現性，無法擴大投資。

靠心理數據，了解顧客行為背後的動機

為了探究每位顧客行為背後的原因，需要包含認知的心理數據分析。所謂的心理數據，對象是顧客腦中的認知或形象、態度等心理狀態，換句話說，相對於看得見的行為，指的是看不見的內心狀態。

首先要以量化調查進行數據分析。代表性的問題為以下五個：

1. **品牌的認知**（是否知道品牌名稱）
2. **品牌偏好度**（是否想買這個品牌，或是想用這個品牌）
3. **屬性形象**（以形容詞或擬人化的方式，表達造成怎樣的認識、給人怎樣的功能印象或效益屬性）
4. **媒體接觸**（包含大眾媒體、社群網路類的數位媒體，一般的媒體接觸習慣或信賴度）
5. **廣告的認知通路**（何時、在哪裡、透過怎樣的媒體或機會認知品牌，是否形成品牌印象）

行為數據

- 銷售額 POS 資訊
- 會員卡資訊
- 自家公司顧客的購買資訊（物品、金額、時機、場所、頻率）

網路上

- Email 開信率／回信率
- Web 或 APP 的存取資訊
- 社交記錄檔
- Cookie 資訊
- 位置情報
- 自家公司 EC 購買資訊

心理數據

- 品牌認知
- 品牌偏好度
- 屬性形象
- 媒體接觸
- 廣告的認知通路

圖 2-7　行為數據與心理數據

關於第二點，問題的選項是單選題（single answer）或複選題（multiple answer），視產業類別中的寡占比例而定，如果品牌寡占，單選題即可。關於第三個問題，指的不僅是自家公司品牌形象的期待屬性，要給予評價的是對產業類別來說，重要的多個屬性。

除此之外還有許多心理數據，也有深層心理分析的手法，只要抓住前述的一到三題，即可大略掌握顧客對品牌的心理狀態；而行銷上的媒體規畫，則使用四到五題就夠了（圖 2-7）。

各區間的差異分析，找出問題與商機

在本章節的開頭，曾以三個問題制定顧客金字塔，再加上這些行為數據和心理數據分析後，就可以分析五個顧客區間的差異從哪裡產生。藉由這個分析，我們可**看見各顧客區間的行為面與心理面的不同，藉此找出各個顧客區間具體的課題或可能的機會**。

例如序章提到的「肌研」，對忠實顧客的N1分析得到「發黏是保溼的證據」的意識，並得知「因為便宜所以每天大量使用」的行為；和一般顧客的區間做比較可發現，一般顧客雖然對保溼力有好評，但卻對發黏有負評，所以並未每天使用。

因此，我們假設只要能讓一般顧客也認知到「發黏是保溼的證據」，也許就能將其忠誠化。我們可以想見，在意發黏的人，其實心理上也有反感，只要有能夠讓他們信服的理由，或許就能接受產品了，然後，實際上利用POP等方式，以手黏在臉頰上的模樣或水潤感作為吸引的特色，預期能使一般顧客忠誠化，從而增加龐大銷售額。同時，我們也可以先預料到生理上討厭發黏的人，這個處理方法對他們沒效，但發售清爽型的話，就能得到他們一定人數的顧客支持（圖2-8）。

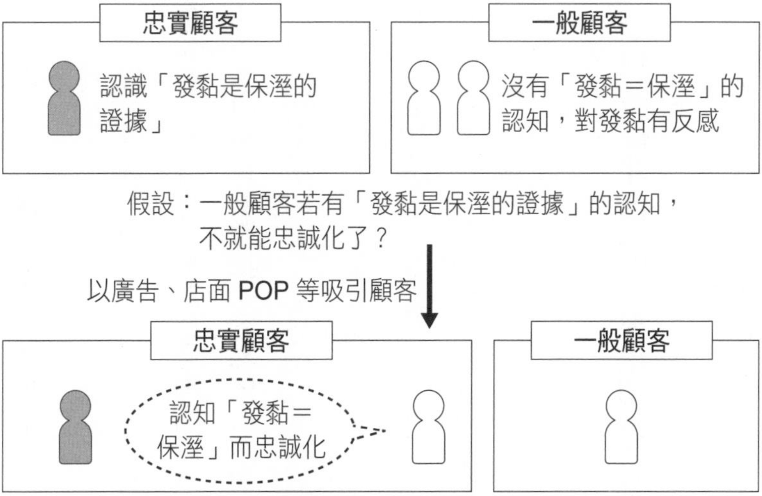

圖 2-8　從區間的比較，導出顧客化的假設

如果此時我們透過不區分忠實顧客與一般顧客的問卷調查等方式，希望達成提高銷售額的目標，大概就只會針對「在意發黏」的人發售清爽型促銷而已，只不過，因為清爽型的保溼力不如原版，流失的比例也將會變高，這當中也包含本來可以用保溼力吸引而忠誠化的顧客，因此，我認為整體而言會導致現在顧客的減少。

顧客區間的心理數據與行為數據差異，一定有其意義，只要能掌握具體的區間差異，想像區間內的顧客內心想法，短時間內就能建立許多假設。

行為結合心理，業績才能大躍進

行為背後的動機，存在對於這個品牌或類別的某種認知或心理狀態。只要能理解這個心理與行為的關係、形成此心理的原因或契機，要建構下個新的對策或策略就容易多了。

若只看行為數據，容易陷入重複相同的忠誠化措施，或是只顧著重複A／B測試的消耗戰與定價吸引顧客，即使因為某一個方案改變了行為，使銷售額上升，但只要未理解其行為的心理變化，就無法複製成功並加以推廣。特別是數位類的生意，縱使貫徹行為數據，將之分析並活用，但也因經常未能掌握心理數據，而大大錯失成長的機會，我所參與的SmartNews也曾有同樣情況。行為數據結合心理數據，才能有大躍進的成長。

心理數據非萬能，量化調查有極限

話雖如此，心理數據也不是萬能的，透過量化調查掌握心理狀態也有極限。品牌認知雖然可以用量化調查掌握，但要以量化數據了解左右行為的根本心理狀態、位於深層心理的深信或非邏輯的感情則有困難。

例如購買某種汽車的顧客，在調查上雖然可以舉出他購買的最初契機是「看到電視廣告而有好感」之類的理由，但以時間軸深入探討深層心理與行為時，其實浮出的理由是「以前偶然搭過熟人的車子，那時的體驗留下了好印象」。

像這種無意中的日常體驗並沒有太明確的記憶，但卻是大型採購的決定要因。無意識下的深層心理，也常用「Insight」來表示，特別是左右購買的理由，很多是像前述這個例子，基於單純的「愉快」體驗。

之所以無法用心理數據的調查檢測出這個原因，許多時候是因為行為主體的顧客，本身並未察覺、認識到這個心理的原因。人類本來就不會理性地意識到自己行為的理由，也不會刻意記得；正因為對象是人類，希望讀者能先有認知，以量化調查做心理分析有其極限。

在這個心理數據極限的前提下，進行每一位顧客的 N 1 分析，在行銷上顯得非常重要。

05

如何擷取單一顧客的體驗旅程？

單一顧客不是虛構的假想顧客

本章節以前，我們以顧客金字塔把顧客分類為五個區間，視覺化銷售額與人數，並分析了各區間的行為與心理差異，從而建立假設。在此章節我將開始按照每個區間，把焦點放在具體的一名顧客身上進行「N1分析」。**這並非虛構的假想顧客，而是根據實際隸屬於某區間，確有其人的真實顧客，他的生活態度、習慣、購買行為，和攸關他購買的認知或心理，想像他的顧客體驗旅程*****並加以理解，探討各自的聯繫。**

這裡我們希望理解的重點是「在何時、因為什麼契機得知品牌、是否買過、是否忠實顧客化」。成為其契機的產品類別經驗、商品或服務的經驗、與品牌訊息的邂逅、某種特定的資訊認知等，都是發想「創意」的一大靈感來源。

舉例來說，二〇一五到二〇一六年的歐舒丹，具備龐大有品牌認知但仍未購買的區間客群，因此需要的是讓此一階層達成第一次購買，顧客化的行銷策略。透過反覆N1分析，發現了「買給別人禮物，而非買給自己」的購買需求，可能成為許多顧客第一次購買的機會，於是提出「每個人收到都會開心的禮物」的口號當作「傳播創意」，大大提升了一般顧客的人數與購買量。明確斷言「禮物」擁有獨特性，每個人收到都會開心，也就是送禮物的一方「不會送錯禮」，成為第一次購買的強大效益。

還有，透過聽取店長的意見，間接對忠實顧客實施N1分析時，發現許多忠誠化的契機是「第一次購買歐舒丹時，認識了護膚商品，體驗到產品的好處」。此外，直接訪談忠實顧客，也發現有N1的案例表示第一次購買的契機是「因為朋友贈送」（禮物），很喜歡

＊顧客體驗旅程：指顧客從「知道商品」到「購入商品」再到「商品的使用與評價」這段過程。

那時店員給的護膚商品樣品，也買了給自己使用。

因此，我們提出了除了向有認知但未購買者大打當作禮物的宣傳以外，店鋪也一定會給第一次來購買禮物的人試用護膚商品的樣品，貫徹獲得認知與使用體驗的策略。結果同時推升了從未購買變成初次顧客，以及從一般顧客轉為忠實顧客的人數。

為了找出這樣的契機，只要特別針對忠實顧客層的N1做訪談或調查，可獲得豐碩的成果。對品牌的特殊情感越強，通常就會覺得其獨特性與效益格外寶貴，因此較容易找出改變對品牌購買意願的契機，也就容易得到產生「創意」的靈感。

N1分析只要把合乎顧客區間條件的顧客，以事前篩選問題（認知、購買行為、頻率）分類後，再與合乎區間條件的人進行訪談即可。如果自家公司有顧客名冊，也可以活用電子郵件請求調查，或使用調查公司、網路調查服務，若有直營銷售店，也可以透過店員和客人聯繫。視品牌不同，尋求朋友或家人的意見也不錯，重要的是，尋找符合區間定義的人。

理想的訪談是加入發掘獨到見解、擅長擷取顧客體驗旅程的研究員，若沒有這種成員，則建議由行銷人員本身執行。我認為，只要習得這個N1分析訪談的技巧，應該能讓行銷人員的表現進步飛快。

隨著次數增加，也能逐漸掌握傾聽的訣竅。我在歐舒丹時，聽取店長或店員的意見是日常活動；在樂敦製藥時，則和部下一起去店鋪直接請教客人或銷售人員的意見。在我擔任製造商顧問時，也曾經拜訪經銷商，聆聽好幾個小時，由親自推銷的老闆告訴我關於忠實顧客的故事，此外，我現在任職的 SmartNews 則有廣大的目標顧客，朋友見面、聚餐時，我會向遇見的所有人詢問認知與使用頻率，然後判斷對方位於顧客金字塔的哪個區間，尋找可以首次顧客化或忠誠化的契機，目標是發想出下一次的「創意」。

找出獨特的體驗和認知，而非追求平均值

N1 分析只要先弄清楚不同顧客區間需理解的要點，實行起來就不困難。如果是忠實顧客，大概只要依照時序打聽形成他們品牌認知、使用意願、購買意願的契機，以及現在使用的實際情況、滿意或不滿意、對競爭品牌的認識、喜歡與討厭之處就夠了；對一般顧客打聽的項目也一樣，要找出他們和忠實顧客的差別在哪裡，探討差別產生的原因與契機；

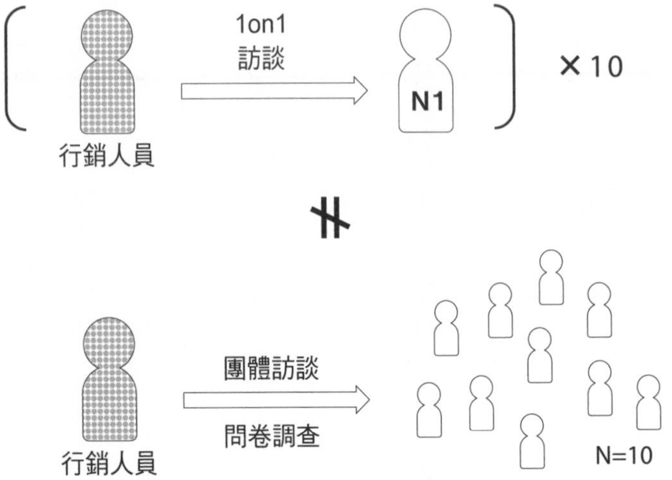

圖 2-9 （N ＝ 1）×10 不等於 N=10

也同樣詢問流失顧客，深入探討流失的原因是什麼；對於有認知但未購買或未認知顧客，首先試著介紹品牌，能不能讓他們感受到「產品創意」與「傳播創意」本身的魅力，若無法傳達品牌，則確認是否為對媒體或認知的投資問題，再進一步說明獲得忠實顧客好評的商品優點，觀察反應後，也許能看見問題在哪裡、提供什麼樣的契機可以達成顧客化。

首先在忠實顧客層實行約十人的調查，一定可以找出三、四個可能的契機，包括為什麼對品牌忠誠、為什麼會開始使用，接著繼續在一般顧客、有認知但未購買顧客、未認知顧客等區間進行 N1 分析；如果此時在忠實顧客層所得的契機，未出現在其他客層，那就是良機了。把此一事實或傳播內容當作「產品創意」，於N1訪談時試著打聽「如果有這樣的提案你覺得如何」，若能得到多人的良好回應，預估即有可能得到極大的報酬率。

重要的是找到引人注目的體驗或認知，而非追求「N＝10」的平均發現。十人畢竟是「N＝1」乘以個別的十人，而不是「N＝10」的一個群體（圖2-9）。

以時序繪製顧客體驗旅程

若能完成忠實顧客的N1分析，即可掌握從認知到顧客化、忠誠化的變遷過程。重要的是，**以時序繪製每個人的個別顧客體驗旅程，找到超乎自己的想像，特殊的經驗或認知形成，同時深刻理解其背後的心理狀態，例如感覺如何、為什麼有這種感覺**。在此時的顧客體驗旅程上，若加上縱軸來表示對品牌的好感度也可以。（圖2-10）

進行N1訪談時，一邊實際在手邊繪製時序的顧客體驗旅程，一邊傾聽顧客「這時候發生了這種事」、「那時是這樣的感覺」，一併進行思考較為有效。須注意的是，以前的事

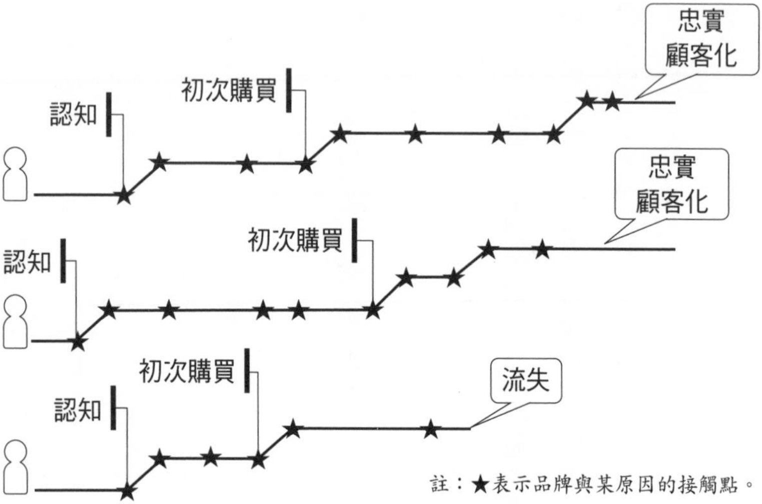

註：★表示品牌與某原因的接觸點。

圖 2-10　繪製 N＝1 的顧客體驗旅程

情可能會含糊不清，最初開始使用的契機或理由，與現今愛用這個品牌的忠誠化理由容易混在一起。

以洗髮精為例，如果詢問排行前五名左右的品牌重度使用者「為什麼持續購買」，半數以上的回答是「可以讓髮絲潤澤滑順」，可是，若我們把這個意見認真當一回事，直接以廣告宣傳，結果卻根本賣得不好，還不如提出「讓頭髮閃耀如水晶」或「讓你早晨不再一頭亂髮」這種有關效益並具獨特性的提案，比較能引起消費者初次購買。忠誠化的理由（繼續使用的理由）與嘗試的理由，在許多情況下截然不同，容易混淆，須特別注意。

不是出自真實顧客，皆是無效的假設

「顧客體驗旅程」現在已成為行銷第一線的標準分析手法。可是我聽說許多顧客體驗旅程大多卻出自「想像」與「平均」，這樣非但無濟於事，還有擾亂行銷或經營策略的風險。

多人關在會議室或進行集訓，雖然定義出「本公司的客人是這樣的人……」的計畫，但本質上客人卻是形形色色的組合，那是實際上不存在的顧客體驗旅程。如果要花這樣的時間，不如徹底傾聽真實的忠實顧客的意見，希望做出自己理解的 N1 分析，比當事者對自身的了解更多。

角色設定上也有同樣的問題，公司內部做出的顧客定義，在當作品牌的策略假設目標、公司內推動行銷規畫，或是對代理商或顧問做簡報時經常使用，但是和顧客體驗旅程一樣，現實並不存在這樣的客人；真正能掌握客人心理的商品企畫或傳播提案，絕對必須以具體有名有姓的 N1 為出發點，N1 分析進行才有效。

06 如何找到「創意」的線索？

顧客出乎意料的體驗是「創意」的線索

對十名忠實顧客進行N1分析，繪製每一個人的顧客體驗旅程後，即可看出他們初次和品牌相遇、認知、初次購買（使用）、繼續購買，以及購買頻率的變化。以金字塔來說，即可明白下面的階層如何往上面的階層轉移，這一點可以用來當廣告宣傳，或是品牌的使用體驗，讓其口耳相傳，不過重要的是，發覺到了什麼樣的「創意」（獨特性與效益）。

在N1訪談時所得到的結果，令人不禁驚訝發笑，難以置信的事實，就是線索來源；

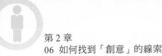

曾經聽過、一如設想的，有似曾相識感的話語或預料到的內容，並非提供線索之處。

「創意」的線索來自過去未曾見聞過，以為很特殊、不合常理的使用目的、使用方法或情景，位於攸關商品的個人經驗或心理狀態中。從這裡擷取獨特性，清楚表達於此所獲得的效益即為「創意」。

從忠實顧客身上找出出乎預料的特殊契機或事實後，和具體的效益組合而「創意」化，再擴大到一般顧客或其他的區間，將它重現。如此便有很高的可能性能夠促使顧客轉移到整體區間的上層。

檢視「創意」是否退流行

找到好幾個「創意」的選項後，建議以具體的概念籌劃，以量化調查的方式來判斷概念的可接受度。所謂的概念，指的是「獨特性與效益」（創意）加上「價格與產品資訊」。在顧客金字塔的各區間中，針對這個概念以五個階段評估購買（使用）意願、是否感受到獨特性，經過簡單的篩選後，可以看出每個區間大概的可能性。

只不過得注意，「創意」的表現必須明顯，不填充各式各樣的功能或效益。要是灌進這些，即使在調查時得到好評，卻有很高的風險不能在實際的市場上完全傳達一切優點，反而得不到顧客的好感。基本上，主流媒體用十五秒電視廣告就能傳達的內容，在店面海報或橫幅廣告等處，得做成幾秒就能一目瞭然的內容。

此外，現實的問題是，即使以N1分析找出初次購買或忠實顧客化的契機，在目前的時間點也可能無法再以同樣模式締造佳績了。

例如十年前引進某品項最初的商品，因為當時有名人使用，因此自己也開始用，覺得很喜歡而繼續用；但現在有許多類似商品或競爭商品，雖然繼續使用是事實，可是一開始購買的契機與當時該品項的新穎性或流行性有關，因此即使和十年前一樣由現代的名人展開宣傳，也無法期待得到相同的結果。

對於這種判斷，在同樣的忠實顧客中，可以在調查設計的階段先擷取出長期使用的人，和最近才初次購買並忠實顧客化的人，再進行N1分析，以尋求突破口。

缺乏線索時，再次回歸顧客分析

找不到有活用可能的「創意」，無法進行後續投資的時候，可行的方案還有進行同品牌的新產品開發，或是商品改良。如果是這種狀況，商品開發部與生產部門之間必須合作或調整，開發策略為要求重新配置投資與人員。

有些案例是再現性與獨特性早已消失，光靠行銷部門想辦法努力，仍和過去一樣以「傳播創意」（只有電視廣告的形象）來作戰，有非常高的可能沒有效果。

「創意」的再現性問題，並非是靠電視廣告的創意或數位資源就能克服的課題，我認為代理商和創意總監大概也了解這個問題，只是當成一筆生意交差而已。誠摯希望讀者別衝動行事，而是以顧客金字塔加 N1 分析為基礎，致力於發想出可以期待效果的「產品創意」與「傳播創意」。

07 根據不同目標市場，活用宣傳手法

行銷和其他部門要合作無間

無論怎樣的商業活動，只要以顧客為出發點做分析，和行銷、商品開發、營業活動、企業內的所有部門都會有相輔相成的功用。

對某個品牌而言，商品開發看起來當然是很大的機會；對某商品來說，擴增經營的店面數量，或是引進EC擴大銷售通路或許是必要措施，但隨後也需要有與之相對應的配套來支援。

因此，制定顧客金字塔，以及管理金字塔的每個顧客區間，也能成為全公司可以共用的宏觀ＫＰＩ。

從目標顧客思考的五種策略

行銷的職責是擴增忠實顧客數及一般顧客數，提升各自的單價與購買頻率，使產品的銷售額最大化，並提高成本效益，逐步提升利潤。因為利潤僅來自五層中的忠實顧客與一般顧客，因此拆解提升利潤的結構後，結果如下：

忠實顧客的購買頻率如果上升，就會進一步忠誠化（超級忠誠化）；同樣的，一般顧客若提高了購買頻率，也視為忠誠化。

- **忠實顧客數×單價×頻率提高（超級忠誠化）＝忠實顧客層的銷售額①**

①－成本＝利潤

- **一般顧客數×單價×頻率提高（忠誠化化）＝一般顧客層的銷售額②**
- **②－成本＝利潤**

此外，忠實顧客數的流入是來自一般顧客、流失顧客、有認知但未購買顧客和未認知顧客；一般顧客數的流入是來自流失顧客、有認知但未購買顧客、未認知顧客和忠實顧客的降級。

以顧客金字塔做思考，有以下五項策略可以思考（圖2-11）。

1. **忠實顧客的超級忠誠化**

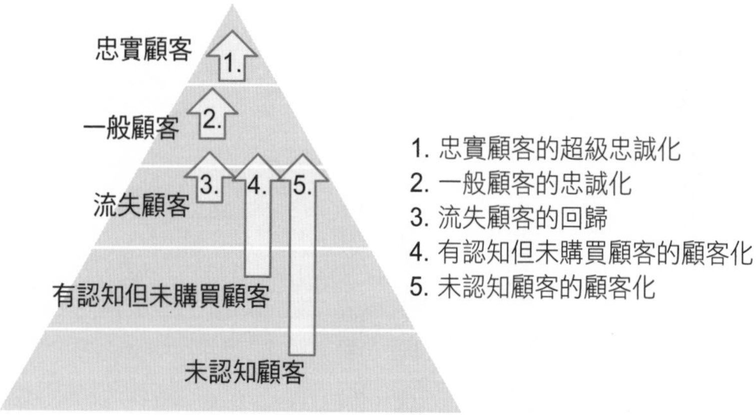

圖 2-11　以顧客金字塔思考的五個策略

2. **一般顧客的忠誠化**
3. **流失顧客的回歸**
4. **有認知但未購買顧客的顧客化**
5. **未認知顧客的顧客化**

越往上層推動，就必須越把目標集中於CRM，進行一對一的傳播；越往下層則要活用電視等觸及範圍廣的大眾媒體，傳播較為有效。

數位媒體可以根據不同目標市場，無論在上層或下層都能有效活用，但它不如電視廣告，短期內就有廣泛的觸及範圍與宣傳傳達力。

應該關注致力於五個顧客區間中，什麼會因為競爭環境、顧客特性、獲利能力等條件而不同。一般而言，投資於上層越多，雖然越能提高獲利能力並保持穩定，但同時也會導致利基化，通常無法預期規模擴張的速度。這是一種因為偏重CRM或客戶忠誠計畫而容易陷入的模式。

此外，若反過來以下層為目標，用大眾媒體投資宣傳，雖然能期待短期內規模擴大，但提高了獲得顧客的成本，容易壓縮利潤。不過，這種利用大眾媒體進行的行銷投資，也可能藉由N1分析大幅提升成功機率。

無論如何，都要根據目標的顧客區間與「創意」來決定選擇。「用數位媒體？還是電視？」像這樣沒有目標顧客，光討論媒體手法毫無意義。

用5W1H規畫行銷方案

決定好以哪個顧客層為目標後，就可以用5W1H（Who、What、When、Where、Why、How）來規畫更具體的行銷方案。P&G的「Who、What、How」在行銷界很有名，架構成顧客金字塔後，可以看透更為深層的部分。看到「創意」（獨特性與效益，即What）後，也可看出能夠接受創意的目標（Who，即N1），在行為數據、心理數據分析當中，何時（When）、何地（Where）、如何（How）傳達「創意」也都清晰可見。

請容我重述一次，希望各位讀者大膽縮限範圍到N1。這時候若改成N3、N10的團體訪談，就會削弱以此為基礎的創意；相反地，以Ｎ1設定進行的「創意＝What」的提案，肯定能引發許多人的共鳴。以Ｎ1為出發點的創意能夠引起多少人有同感，可以在後來的概念測試做驗證，因此無須恐懼。會有「是否為利基、是否特殊」這些不安的情況，正是處在強大「創意」臨門一腳的時刻。

分析Ｎ1的顧客體驗旅程後，可以看見具體的宣傳方法、資訊接觸點、商品接觸點，以及購買接觸點；意思也就是在什麼情況下，訴諸什麼訊息時可以打動人心，會不會想買。這些牽涉到具體顧客的When、Where、How的設定，進一步也可看見Why——左右當時決定購買意願的心理活動，以及形成其心理的獨到見解。

例如在SmartNews，直到認知度超過五〇%，才主要使用電視廣告與網路媒體行銷。可是當超過五〇%，新顧客獲得數出現成長放緩時，我試著對顧客金字塔的第四層「有認知但沒下載」的顧客進行Ｎ1分析，這時可發現，這些是居住在使用新聞ＡＰＰ較保守的地區或郊區的人（Who與Where），於是活用了追加夾報傳單廣告和報紙廣告（How），以推助這些人使用，從而獲得新的顧客。

制定方案時須以「創意」為主軸

以下解說將五個策略具體定型為方案時，應該留意的要點。

行銷方案有各式各樣的手法，線下以大眾廣告為首，主要還有活動、DM、公關，以及各種促銷活動等；另一方面，線上（數位）的領域則每天新增許多技術手法，以橫幅廣告與關鍵字廣告為首，隨著近來智慧型手機的推廣，已經擴大到不勝枚舉的程度（圖2-12）。雖然線上比起線下，在目標市場技術或測量效果上較為優秀，但希望大家能先認知一個事實——線上在短期內

線下

- 大眾廣告
- 活動
- DM、派報
- PR（公關）
- 消費者促銷活動（樣本、免費體驗、優惠券、增量包）
- 贈品（抽獎活動、競賽、附送產品）
- CRM、重複推薦（積點計畫、會員優惠）
- 零售店促銷（POP廣告、店面折扣、大量陳列、特別陳列、傳單攬客、店面展示）
- 對流通業者的交易推銷（回扣或提供獎勵機制獲得在店面曝光機會）等

線上

- 關鍵字廣告
- 展示型廣告
- 影片・社交
- 聯盟行銷
- 自有媒體
- SEO（搜尋引擎最佳化）
- 電子雜誌
- 內容行銷
- PR（公關）
- 消費者促銷活動
- CRM、重複推薦（積點計畫、會員優惠）
- EC（電子商務）等

圖2-12　各式行銷手法

的觸及範圍，仍不及大眾傳媒。

按照前述的五個策略弄清楚「5W1H」，**選定行銷方案開始規畫後，首先要決定的是，透過這個方案要傳遞給目標顧客什麼樣的「產品創意」或「傳播創意」體驗。**目標是透過理解與實際體驗這個「創意」（獨特性與效益），讓顧客確信這個品牌無可取代，提高中長期的持續購買機率。僅以銷售目的的手法規畫行銷方案，只能實現短暫的銷售，手法缺乏改變顧客的心理或認知的「創意」，只是造成短期的購買行為產生變化而已。實行方案後，從提高購買行為的這項變化，來思考顧客是產生了什麼樣的心理變化。

不同對象的品牌或類別，各區間的顧客特性也不同，以下為各位整理有關各策略的概略方向。

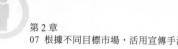

1. 忠實顧客的超級忠誠化：強化產品創意

首先一個重要的事實是，即使是忠實顧客，有時也會並用競爭品牌。我們希望透過分析行為與心理，能理解競爭或代替品的並用比例，然後，我們需要促進提高品牌的購買頻率、提高每一次購買件數或購買金額的方案。一般的方案通常是對額外購買提供獎勵機制、用會員制度的積點計畫促進持續購買，但這些實質上有貨幣價值的價值提案，在中長期將損害「產品創意」。

我們想達成的目標是**強化「產品創意」，把「持續使用有良好效果」、「因為這個品牌很棒所以不用競爭品牌」、「和家人或朋友共同使用令人開心」等明確的效益訴求編入方案中，製造出品牌的需求**。

以N1分析深入探討忠實顧客流失的理由，降低此流失率也和推動整體的超級忠誠化相關。

2. 一般顧客的忠誠化：實行傳播創意

一般顧客比起忠實顧客，通常使用更多的競爭商品，因此需要以下使用自己的品牌有較好的效益為訴求，讓顧客有所體認。

比起忠實顧客，若他們對「產品創意」的獨特性理解或同感較薄弱，就要強化這個訴求或體驗，此外即便認識了獨特性，若效益薄弱，則希望把能夠理解並體會到商品效益優勢的構造與訴求編入方案中。

如果少用競爭品牌，只是偶爾用自家品牌而已，需要和超級忠誠化一樣增加需求本身，**可以考慮增加品牌的使用頻率或使用場合的提案**。

我在歐舒丹時，除了購買自己用的品牌，又加上了買來當禮物的機會提案，當作「傳播創意」實行，不僅增加了初次購買的人數，同時禮物的訴求也與一般顧客的忠誠化相關。

3. 流失顧客的回歸：強化通路創造購買機會

這裡我們不評價「產品創意」本身，雖然顧客移動到競爭對手的情況很多，此時不該依賴類似折扣這種短暫的促銷手法，希望研究的是中長期強化產品本身或開發新商品。

如果競爭品並非同類別，而是數位的新服務，希望能盡早評估其影響力。目前或許有部分顧客移動，但中長期來看，這或許是自家公司在此產業中可能被替換，造成具破壞性創新的徵兆。像紙類出版業和旅行代理商業等，許多的產業被數位科技替換的初期徵兆，可以從他們流失顧客的 N1 分析發現。

另一方面，有時候也會因為不適當的「傳播創意」，令「產品創意」本身無法被理解，而造成顧客流失，這種情況也希望能藉由 N1 分析看清問題在哪裡。

此外，消失於經常光顧的店面陳列、減少店面曝光而變得不顯眼、生活方式或生活動線改變減少了購買機會等，這種喪失物理性的購買機會成為流失理由的情況也很常見。這些情況**可以用強化通路、強化營業、導入ＥＣ等創造購買機會的方式來因應**。

4. 有認知但未購買顧客的顧客化：拿出銷售實績和找名人推薦

有認知卻沒有購買、使用經驗，根據這個問題可能的原因為還沒理解「產品創意」的魅力，或是雖然感受到效益，卻感受不到獨特性，或是像流失顧客身上可以看到的，有購買意願，購買機會不足等。

此外，這個階層對新品牌或新資訊有保守的傾向，「產品創意」的獨特性越先進，他們就越謹慎以待。因此，**為了展示產品得到廣大的接納與信賴，可以把銷售實績、名人或忠實顧客的推薦，編入「傳播創意」作為訴求，也會提高顧客化進展的可能性**。

5. 未認知顧客的顧客化：用簡單的方式傳達「產品創意」

許多的品牌或商品，以這一層或上一層「有認知但未購買」顧客層為最多數。這一層的顧客獲取成本通常較高，不過為了中長期的成長，希望可以持續努力花時間在認知形成、顧客化、忠誠化。

追上單年度的銷售額後，容易開始拋棄這一層，但儘管既有顧客正在忠誠化，如果沒有以一定的水準繼續開拓新顧客，隨著顧客的年齡層上升，中長期就會陷入逐漸惡化的狀態。

關於這一層，我希望可以從已經成功獲得認知的上一層來看清，到底這兩層有什麼不同。許多時候，他們比有認知但未購買顧客對於新事物還要更保守，接觸的媒體也有限。他們和數位媒體的接觸頻率低，生活方式以線下為中心，通常只會用電視、報紙等大眾媒體或日常光顧的特定店面和社群來取得資訊。因此對這一階層來說，**不需要用別出心裁的「傳播創意」，而應該把「產品創意」的效益，透過這一階層會使用的媒體管道或販售機會，以明確又簡單的方式呈現出來，腳踏實地的傳達方為有效**。

執行前，用三模式評估「創意」的潛力

活用顧客金字塔，設定好五個顧客區間的行銷策略（5W1H），在將策畫的行銷方案轉移到執行之前，還需要檢視核心的「創意」。依照不同階段，可以試著用以下三個模式進行思考。

1. 事前評估「創意」概念的潛力

縱使突然提出本書獨特的顧客金字塔或N1分析的概念，也可能得不到經營團隊的支持。我認為即使是積極實施新措施的經營團隊，大部分還是會在投資前要求證明有效性，這裡我將介紹事前查核與規畫，以在此時發揮作用。

首先，把從N1分析發想出的多個「創意」具體化形成概念（創意＋產品資訊）進行測試，並採取五個層級評估購買意願（使用意願）、獨特性等。

把目前產品的概念作為基準測試，若是新產品，則用競爭品做比較；若是既存的競爭品，多是已經有固定形象的品牌，因此概念測試時，有時候最好隱藏品牌名。

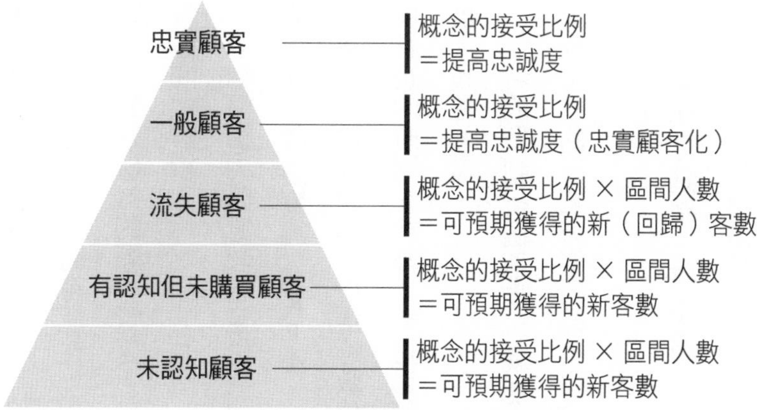

圖 2-13　為每個區間評估概念

為了讓這個概念測試能夠評估每個顧客金字塔的區間，請加上顧客金字塔的三個基本問題（本章開頭介紹過的「認知、購買、頻率」的調查）。**各區間對各個概念有什麼樣的反應，可以用各區間換算成人數，因此能夠估算出具體的潛力**（圖2-13）。

如果忠實顧客與一般顧客的概念接受度比較高，代表透露了可以各自提高忠誠度的可能性；剩下的三個區間（流失、有認知但未購買、未認知）的接受度則透露了獲得新顧客的可能性。每個區間評估概念後，可以區別可貢獻於獲得新客戶者，或是即使還不到貢獻新客戶，也能明確促進忠誠化者等，可以依照不同行銷目的區別使用。當然，如果目的是獲得新客戶，自然也就要集中在訊息或傳達手段、如何獲得體驗的方法上，反之亦然。沒有顧客金字塔的概念測試，幾乎都沒有把這個忠誠度評價與獲得新客戶評價分開做評估，而造成高估了獲得新客戶的可能性；相反地，也會有低估忠實顧客層風險的情況。在概念評價上，即使得到八〇％的顧客肯定，剩下的二〇％也可能包含了許多忠實顧客。因此務必要區別顧客區間做解析。

估算潛力時應該留意針對每個區間，把廣泛觸及此「創意」，有多快、或是何時能傳達的認知形成速度編入ＫＰＩ。行銷方案使用電視廣告估算時，認知形成速度也有較多的估算基礎而比較簡單，但透過數位或店面宣傳時，必須從顧客的行為數據計算接觸數或直到接觸為止的時間。此外，若透過銷售或代理商在店面部署產品，則需要以時間軸預測其配送速度與覆蓋範圍。

若能做到這個地步，就能大概推算出把策畫的「創意」送到特定的顧客層，展開伴隨５Ｗ１Ｈ的行銷方案所能獲得的顧客數、銷售額與利潤，還有達成目標的所需期間與速度。

2. 執行試銷，修正策略

之後，也可選擇要向全國鋪貨，或是限定地區、限定販賣通路（只限ＥＣ、部分店鋪等）做試銷。**執行試銷時，要把目標市場內的顧客金字塔各區間的行為、心理數據的變化，設計成測試前後能夠評估，活用於驗證效果。**

投資開始後，根據投資策略與目標品牌的購買週期，決定追蹤顧客金字塔變化的頻率。購買週期最快約一個月，使用電視廣告等觸及範圍廣的大眾媒體行銷時，可以每月進行顧客調查，追蹤顧客金字塔的變化；如果投資規模很大，最少也希望每季度確認顧客金字塔的變化，並繼續N1訪談，同時持續修改加強與「創意」相關的行銷策略或方案。

重要的是，要持續對每個區間單一實際顧客的行為、心理數據分析，和詳細理解顧客的N1分析。

實際試銷時，就算用地區限定、店鋪限定、EC限定等方式進行測試，也無法完全嚴密地僅限定於某顧客層，演變成測試對象以外的顧客也會購買商品的狀態後，多半會得到優於全面鋪貨一〇％到三〇％的好結果，因此容易高估，如果追蹤測試地區的顧客金字塔，就能察覺異常現象，避免因這種問題造成高估。

3. 透過PDCA提高策略準確度

如果很幸運能夠獲得管理層的同意和支持，即可以最快速度把該策略納入方案並予以實施。這裡的目標是**透過在實際市場中的**PDCA（Plan-Do-Check-Act，循環式品質管理），**提高策略和方案的準確度**。

只不過，縱使在如此積極的環境中，我仍希望可以進行與方案相關的KPI設定（顧客的觸及範圍與速度），即使像前述第一點中的案例一樣粗略，也要先做。

到這裡為止，如果能夠透過行為和心理數據分析、N1分析，為顧客金字塔的每個區間策畫「創意」，那麼一定可以從新策略的傳播和措施獲得成果。

強化競爭優勢的「重疊度分析」

在制定顧客金字塔時，調查對象也包含了競爭對手，因此可以用相同方法制定競爭品

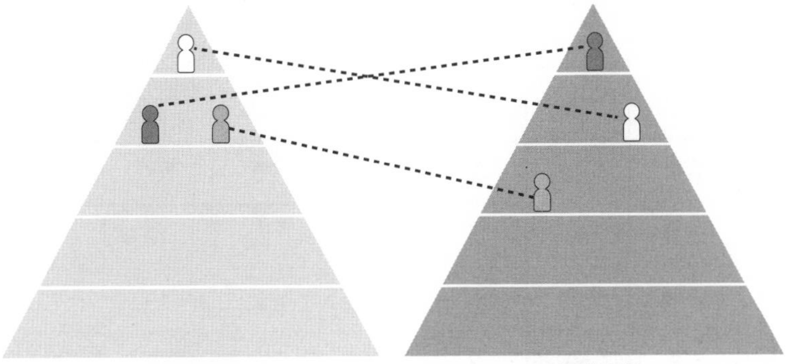

圖 2-14　重疊度分析概念圖

牌的顧客金字塔。請在進行自家品牌的顧客區間分析時，對競爭品牌也實行相同的分析。

除了分析自家品牌顧客區間的差異，若分析與競爭品牌的各區間差異，還可以看出對手與自家品牌各自的競爭優勢和劣勢。找到對方競爭的劣勢並先發制人，或預測對方可能採取的競爭策略，為自家品牌的劣勢準備完善的防禦措施。

更進一步，還可以視覺化並分析重疊的顧客，稱之為「重疊度分析」（圖 2-14）。實際操作上，我們可以把自家品牌和競爭品牌，顧客金字塔各階層的比率乘以總調查人數，並制定矩陣圖（圖 2-15），這可以讓我們掌握自家品牌顧客，是如何並用競爭品牌，以及他們在競爭者的金字塔上的位置。

例如，如果我們把焦點放在自家品牌的一般顧

N=1,000		競爭品牌A					
		合計	忠實	一般	流失	有認知但未使用	未認知
自家品牌	合計	1,000	30	50	20	200	700
	忠實	50	3	5	2	10	30
	一般	100	5	10	5	10	70
	流失	50	2	5	3	10	30
	有認知但未使用	300	5	10	5	60	220
	未認知	500	15	20	5	110	350

圖 2-15　自家品牌與競爭者的重疊度分析示例

客，同時也是競爭品牌A的忠實顧客，探究他們分別以何種方式使用、為什麼要並用（心理），以及對每個品牌有什麼樣的認識，以包含N1分析的方法深入理解這些問題，將能掌握相較競爭品牌，他們選擇自家品牌的原因。以此為基礎，可以想出從競爭者手上搶走忠實顧客的「創意」，以及避免被競爭者搶走忠實顧客的「創意」，成為策略的選項。

此外，無論在自家公司或競爭者都屬於流失顧客的階層，對雙方而言，皆是可以期望日後成為新（回歸）客戶的階層。淺灰色區塊（表上的五個欄位），代表雖然曾有使用任一品牌的經驗，但現在兩者均未使用；

中度灰色的區塊（表上的三個欄位），則代表雖然對任一品牌有品牌認知，但兩個品牌都沒有使用經驗；深灰色區塊則是對兩個品牌，甚至連認知都沒有的階層，許多品牌不深究這一層，放棄行銷投資，也放棄了成長潛力。

我希望讀者記住，使用顧客金字塔可以讓自家公司掌握此類競爭者顧客的狀態；競爭者也可能對自己公司的顧客進行相同的分析，並有很高機率在策略上針對特定的顧客區間。**勝負的關鍵在於，要把哪個放第一、哪個要貫徹到底，並以顧客為起點進行單一顧客分析，建構「創意」並建立行銷策略**。

重疊度分析還可以透過深究未使用任何品牌的階層，來掌握商品類別本身擁有的機會和開發新業務的先機，同時，也可以看出該類別中不存在的替代品成為威脅的可能性。

例如，Amazon 在過去二十年從現有的書店手上搶走顧客，但如果我們在二十年前，對現有的同類大型書店定期實行重疊度分析，結果應該能看出雙方書店，無論是忠實或一般層的顧客，皆呈現逐漸移動至流失層的現象。

如果對音樂市場 CD 類別的大型零售商進行重疊度分析，應該已經出現了轉移至數位音樂的階層，此外，現在不管哪家店，應該都出現了大量的未認知顧客，也就是「因為我不買CD，我不知道CD店在哪」的階層。

加入新產品類別也能活用顧客金字塔

加入新產品類別時，也可以活用顧客金字塔來建立策略。首先，針對未來打算進入市場的眾多主要品牌，進行同樣的調查，為每個品牌制定顧客金字塔。然後在主要品牌之間進行重疊度分析後，視覺化並量化主要品牌尚未獲得的顧客層，透過針對這些未開拓層開發「產品創意」，找出進入新市場的可能性，不陷於均質化，又具備獨特性。

具體的做法是，我們把剛才以自家品牌與競爭品牌A為對象制定的矩陣，制定成同類的主要品牌。然後，注意前述的淺灰色到深灰色的區塊，例如已經對雙方都有認知，卻尚未購買的原因，逐步深究這些問題，透過開發該階層可接受的「創意」，並加上該區間的市場所占的比例，即可算出進入新市場可獲得的規模；或者另一個辦法是，優先深入探討數量大的區間。

B2B 事業如何活用顧客金字塔？

此外，顧客金字塔也可以活用於 B2B。由於 B2B 事業集中在客戶，因此我們不進行網路調查，但是想法同出一轍。

以下介紹在 B2B 企業，公司向我諮詢如何加快銷售的實例。該公司的顧客名單和交易數據管理的相當確實。顧客分類包括 1.現在的交易顧客；2.過去的交易顧客；3.未來的可能交易顧客（競爭的顧客），還有每年的銷售額和利潤、負責人的姓名和每筆交易的細節都已歸檔，但這些檔案都分開儲存，並非可以當作數據分析的狀態，經營團隊能夠掌握的，是以上三類顧客的數字，以及這三類合計的年度銷售額和利潤，但是無法掌握每年度以上三類顧客如何變化，或如何替換。

雖然是手動作業，我以過去八年為單位，根據持續交易的連續性（三年以上），分為忠實和一般（普通交易）建立了顧客金字塔，以每位顧客的行為（顧客的代表、商務談判、競賽、交易額）和採取行動的原因（我方主動的商談內容、提案、投標價格、代表）為各區間做分析，知道誰是和成功模式有關的特定銷售代表之後，顯現了後續和客戶溝通的頻率與內容的特徵。

雖然因為每兩到三年就有組織變更和人員變動而難以掌控，但是在公司內創造成功模式的優秀銷售代表會持續帶來客戶，反過來在他離開後，也有客戶流失。儘管第一線也認同他是優秀的銷售人員，但重要的是，我們發現關鍵不在他的性格，而是他的銷售溝通頻率和內容。

把管理層次合計的銷售、利潤、開支，以及企業活動、行銷活動，以顧客為起點視覺化後，我們就能針對之前未發現的機會和風險討論策略。

定期追蹤與更新數值

若能定期更新顧客金字塔的數值，不僅能持續掌握顧客的變化，也可以加快解決公司內部問題的速度。不僅是顧客金字塔，如果顧客基底（掌握忠實、一般等各區間的比率和人數的狀態）沒有銷售追蹤機制，等到意識到銷售情況惡化時，還要經過調查分析，需要六個月以上的時間才能提出新的對策。一個月花在詳細分析銷售數據；一個月花在建立問題的假設，以及對行為、心理數據的調查設計；兩個月用在調查執行和分析；對公司內部說明結果和達成共識則需要一個月以上的時間；與調查分析等措施併行的，還要開始策畫新的行銷策略和規畫方案，這大約需要三個月，如果是購買週期較快的類別，六個月已經是決定品牌命運的長度。

藉由以時序追蹤行銷、銷售、開發策略，以及方案執行與顧客金字塔的變遷，可以跨部門累積何為有效或無效的知識，另外，透過攸關銷售額這個結果指標，加深對顧客的了解，可以實現真正以顧客為起點的行銷和管理。

創新擴散理論洞察顧客的心理變化

最後，容我試著從另一個角度說明顧客金字塔。關於創新的傳播，知名的「創新擴散理論」＊把新產品或服務如何在市場推廣，按照資訊敏感度分別將目標顧客分類為五個層級

＊創新擴散理論：由埃弗里特・羅吉斯（Everett M. Rogers）於一九六二年所提出。

（創新者、早期採用者、早期大眾、晚期大眾、落後者）。另外，可以說商品或服務是否可以在市場普及，而不會短命，一個分歧點即在於它的普及率在創新者和早期採用者的比例是否達到一六％。此外，以此為前提所提倡的「鴻溝理論」提出，早期採用者和早期大眾之間存在一道稱之為「鴻溝」的深溝，越過一六％的「跨越鴻溝」（Crossing the Chasm）並不容易。

由於在行銷活動之前無法分類目標顧客，因此行銷第一線不太能應用這個理論。另外，由於五個層級的比例會根據類別變化，因此創新擴散理論畢竟只是根據實際結果類推的理論。不過，這是洞察顧客心理變化非常重要的思維方式。

顧客金字塔的設計也是意圖將這個創新者擴散理論應用於行銷的第一線。

創新者擴散理論中的創新者和早期採用者，通常對資訊的敏感度高，媒體接觸也多。在所有的類別中，如果「產品創意」（獨特性與效益）出類拔萃，這個層級將是早期的購買層中最多數的成員。

另一方面，早期大眾和晚期大眾對資訊的敏感度較低，與媒體的接觸也較少，或者對新資訊的理解速度較慢，除非提供好幾次相同的資訊，否則他們無法理解，因此必須加強他

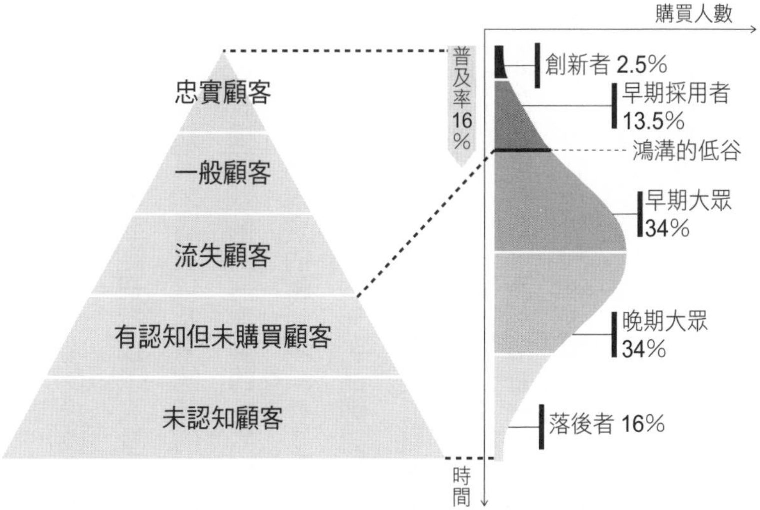

圖 2-16　品牌早期的顧客集中在創新者和早期採用者

們接觸的頻率。另外，如果「創意」的獨特性與眾不同，造成更難理解，這時則需要把傳播的內容變得相當簡單，如果精心設計傳播，雖然可以把傳播本身當作一種娛樂來享受，但是並無法對產品本身有所了解，而且他們會反過來對新穎性產生抵抗感，傾向於不行動，直到周圍的人開始使用，出現主流感為止。

從顧客金字塔的角度來看這點，可發現新品牌成立之初的顧客，多為響應新創意的創新者和早期採用者（圖 2-16）。但是，他們對競爭對手的反應也一樣，因而如果出現新的競爭品牌或替代品，他們也會提前流失。因此，早期的新品牌若擁有很多這個層級的顧客，將會非常不穩定。

為了使品牌能夠持續成長並穩定，必須吸收大眾層，這正是前述提及的「跨越鴻溝」。即使在新品牌成立之初投放了大量電視廣告，經過約半年到兩年，大眾層還是卡在顧客金字塔的有認知但未購買以及未認知的區間。

假設按照這個鴻溝理論的一六%，以品牌認知來看又如何？以單純的計算來思考，假設從品牌認知到購買的轉換率（Conversion）是較高的三〇%，那麼以目標市場的顧客總數來算，普及率要超過一六%，品牌認知度就需要一六%除以三〇%等於五三%。

總之，粗略的大致目標是，如果在目標市場未建立五〇%以上的品牌認知，就無法抵達大眾層，而且會持續不穩定的狀態。

開創推出有新「產品創意」的商品，雖然在引進時成長迅速，卻通常在第二或第三年就消失了。在許多情況下，因為不了解顧客金字塔由哪些特性的顧客組成，以及他們如何隨時序變化，造成在跨越鴻溝之前，自己就停止投資於認知形成。

特別是越有新商品開發能力的企業，越傾向於每年投入新商品，削減跨越現有商品鴻溝的投資，並將投資轉移到新商品。零售或銷售也為此趨勢推波助瀾。原因是創新者和早期採用者對具備創意的新商品反應非常快，因此造成新商品的銷售額可以迅速達標的誤解。

可是，在多數情況下，市場並未擴大，只是顧客從去年或前年的新產品移動過來而已，如果這是從競爭產品搶過來的顧客，那當然很好，但是如果是搶了自家公司過去的新產品顧客的話，對公司而言並未增加顧客，因此中長期的銷售額將停滯不前。

只要能推測哪個區間的顧客正在移動，並籌措適當的投資，就不會被新商品暫時的銷售增加所迷惑，也能避免匆匆放棄未來還有成長空間的品牌。

第 2 章摘要

1. 制定顧客金字塔，指定區間後進行 N1 分析。
2. 從行為數據和心理數據找出顧客化、忠實顧客化的原因。
3. 為每個區間籌劃不同的策略和具體的 5W1H 行銷方案。

專欄 2

用N1分析打造市場第一新商品

如前面的章節所述，為了發想強大的「創意」，具體的N1分析非常重要。雖然一般認為顧客分析僅適用於銷售中，且目前有顧客正在購買的品牌或商品，但其實也可以充分活用在開發新品牌或新商品，N1可以是自己或周圍的任何人，也有可能在制定整個目標市場或競爭品牌的顧客金字塔後，找到分析對象。

樂敦製藥於二〇一三年以這種模式開發，推出了既暢銷又標準化的新品牌「DE／OU」，它的宣傳口號是「全面護理『男性異味』的除臭劑身體護理品牌」，發售了兩款商品，分別是藥用全身清潔劑（沐浴乳）和藥用全身化妝水。在新聞稿中，我們添加了一個事實：「三十歲至六十九歲的男性，三人中大約有兩人『在意自己的氣味』」，不過這並非出自為了宣傳而實施的網路調查，這個概念本身並非從量化調查而來，而是源自N1分析。

從發售回溯至大概三年前，樂敦製藥開發了以洗面乳為中心的男性用化妝品品牌「歐治OXY」，並獲得高度好評，銷售也上了軌道。接著讓我們來談談沐浴乳商品的狀況，雖然已經在全球展開市場的「曼秀雷敦男士系列」品牌已引進日本市場，但放眼望去，資生堂、漫丹、花王、佳麗寶在市場上是寡頭壟斷而沒有行動，此狀態令人猶豫，因為找不到該品牌的「產品創意」（獨特性與效益）。

我想不出可以切入膠著市場的新穎概念，而且我自己也不太講究沐浴乳，因此，我先去澡堂或高爾夫球場的浴室等場所，觀察其他男性如何使用、使用哪種清潔劑。結果，雖然人數很少，但每天有一定比例的人使勁地搓身體（我們在暑假期間連續幾天去澡堂的發現），與其說是洗身體，不如說是接近搓澡的感覺。而且我發現他們大多使用肥皂，而不是沐浴乳。

我有個經常一起打高爾夫球的朋友，所以試著對他做了N1訪談。聽說他每天都很努力洗，不光是在流汗的日子。據他所說，主要原因是「想去除自己的異味」，「現有的男性用沐浴乳很女性化，而且我不喜歡黏稠有東西殘留的感覺，用肥皂清爽的感覺比較好」他說道。另一方面，直接接觸肥皂給人不衛生的感覺，我也發現用肥皂清洗並非完美的方法。

我本來以為女性化是形象的問題，但實際觀察市場上的現有商品時，發現每樣產品都是女性向清潔劑的延伸，並主打保溼的效益。男性向產品雖然已經變更香料，但重視保溼的同時，也會感到溼潤的黏膩感，這個「希望消除異味，每天努力洗身體」的顧客層，也就是肥皂的忠實使用者，但他們並未對沐浴乳類別本身有所認識，也不符合從未購買和使用過的顧客層。

不過，當時我還無法百分百的同感，也無法把想法化為具體的創意，直到一個偶然的時刻我才明白。二〇一一年炎熱的夏日，因為震災的影響，擴大節電措施，當我汗流浹背搭電梯時，我感覺到身後的人出現像是迴避我異味的舉止，這時我才第一次親身體會到「想消除自己異味」的心情；不是「想要有香味」，而是「想消除氣味」。以化學角度來說氣味很難解決，即使加上香水之類的來掩蓋現有的氣味，氣味也可能和體臭互起作用，變成複雜的氣味傳到周圍。也因為這件事，我總算了解用肥皂使勁洗身體的高爾夫朋友為何感到厭煩。

有了電梯經驗的那天傍晚，我與行銷開發的成員進行腦力激盪，談到「我不想添加香味，我想做真正的『除臭劑＝消除體臭』」、「現在肥皂的功能雖然類似，但方便又衛生的按壓式沐浴乳還有發展空間」，一口氣確定了開發的概念。參加腦力激盪的成員有男經理和男性負責人，三人都有強烈的同感，當場就決定命名為「DE／OU」。最初我們和現有市場的競爭商品一樣，只以保溼和香氣為主軸思考，但此時我們確立了把異味化為零，這個截然不同的主軸。和開發部門商量過這個「創意」之後，發現可以使用含藥化妝品等級的調配成分來實現目標，於是誕生了「產品創意」（效益「把異味化為零」加獨特性「身體護理的含藥化妝品」）。

當我們終於在二〇一三年二月推出時，在包裝上印著很大的字體「痛快根除男人的異味、徹底洗淨」。「產品創意」直接放在重要的「傳播創意」包裝上，儘管是新品牌，還是一口氣獲得顧客青睞，以藥用消除異味這點，也一如預料以過去未曾有的獨特性，獲得了目標顧客的信任，發售後半年，在寡頭壟斷多年的男性用全身沐浴乳市場排名第一。從有目標意識的N1分析，可以找到非現有品牌或產品的「創意」啟發，希望執行的是徹底的N1分析，而不只是量化調查。

第3章

兼顧銷售與品牌的九格區間圖

針對促進銷售，品牌管理往往在規畫策略或驗證效果時含糊不清。本章將透過在「顧客金字塔」加上品牌偏好軸線組成「九格區間圖」的顧客分析，整合促進銷售與品牌管理這兩項要素，達到更有效的行銷。

08 根據品牌偏好度，把顧客分成九大類

光靠「購買頻率」無法看出真正的忠實顧客

以購買頻率和購買額定義的忠實顧客層中，包括許多其實並不算是真正忠實顧客的客戶。若將僅購買自家品牌的人視為「真正的忠實顧客」，那麼光靠自家公司的購買行為數據並無法檢測出來。

如果以自家品牌的忠實顧客層為對象，調查下次購買品牌的意願，會發現有些顧客並不會選自家公司的品牌。這裡提到的品牌偏好，指的是當事者下次的購買意願，而並非單指

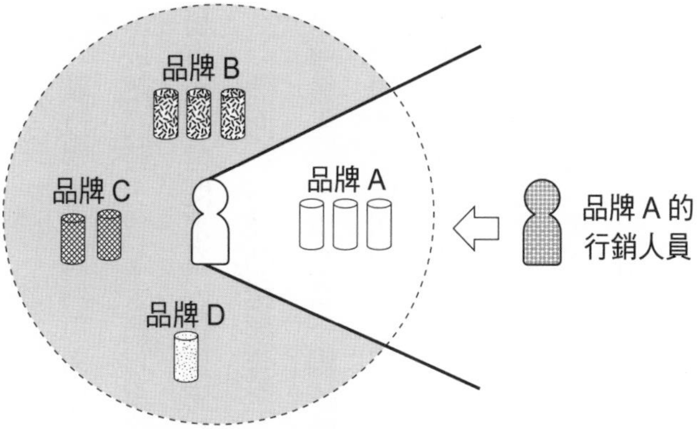

圖 3-1　自家品牌的忠實顧客未必不會買別家的商品

好惡或 NPS（Net Promoter Score，是否想推薦給別人）。

若和多個競爭品擺在一起，讓顧客選擇下次購買的品牌，即使是自家品牌的忠實顧客，選擇自家品牌的意願也不太可能是百分之百。

也就是說，購買大量自家品牌的忠實顧客，未必下次也會忠誠。如同前一章所提及的，無論在哪種商品類別，幾乎沒有顧客會持續只購買自家品牌，現實是，他們會動態地輪流購買各種競爭品牌和替代品。並非所有大量購買的顧客，都算是自家品牌的忠實顧客（圖 3-1）。

顧客的忠誠度有時跟品牌無關

試以零售店為例思考以下的狀況，如果在自己的家門前有一家超市A，周圍沒有其他超市或超商時，我想大概日常購物都會在這家超市A搞定。這是因為沒有其他的選項，此時從超市A的角度來看，你是忠實顧客。

然而，當商品種類齊全，服務也不錯的超市B開業了，位在步行兩百公尺的地點，接下來會發生什麼事？當下雨或沒時間的時候，或許還是照舊去超市A，但去超市B購物的次數也會增加；換句話說，超市A僅是因為物理距離近而有頻率高的購買次數，它一開始就沒有強大的獨特性和效益（產品創意）。除了物理距離近這個獨特性，它就是一般化商品。

我們從這個例子可以知道，不僅應該了解自家品牌，也要了解競爭者的「產品創意」，掌握顧客如何看待他們的獨特性與效益，為了防止出現一下子失去顧客的局勢，必須強化自家品牌的「產品創意」。

如果超市A有強大的獨特性與效益（例如商品種類和價格都很好，店員的應對既禮貌又迅速等），相較於超市B也沒有明顯不如之處，那麼即使B開張，去A購買的行為應該也不會有太大改變，即使在步行範圍內出現有吸引力的選項，結果應該也是「但A還是比較好」；也就是說，去A購買的行為背後，存在心理性的忠誠度。這正是「品牌」的意義，高頻率購買本身並非「品牌」。

忠實顧客分兩種：積極、消極

在這種高頻率購買層當中，有高度品牌偏好支持的「積極忠實顧客」，以及品牌偏好低的「消極忠實顧客」混在一起（圖 3-2）。

基於這個道理，試著思考現在的零售業界，以 Amazon 為開端的 EC 業者在該業界突飛猛

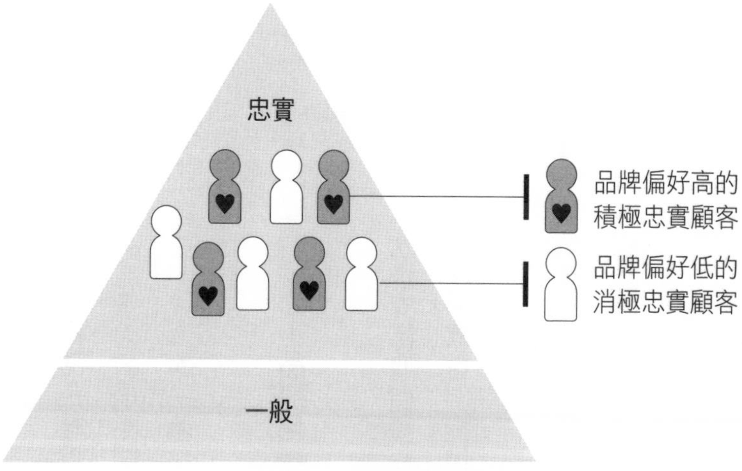

圖 3-2　兩種忠實顧客

進，正在大規模搶走實體零售業者的消極忠實顧客。仔細想想，這在EC出現以前似乎也是很理所當然的事，許多擁有廣大實體店網絡的零售業，皆以顧客和店面的物理距離近為優勢，擴大他們的銷售額，藉由每年在新地區開分店，或集中於人口和交通量大的地點開分店，來讓銷售額高度成長並且增加顧客；但是「距離近」，對顧客來說並非強大的「產品創意」，所以他們擁有了許多品牌偏好低的消極忠實顧客。

就在零售業者之間展開距離遠近的競爭時，EC粉碎了這種距離的概念，品牌偏好低的消極忠實顧客，一下子就被Amazon和其他的EC業者搶走了。

實體零售業首先該做的是，找出積極忠實顧客品牌偏好的原因，也就是支持他們積極購買的獨特性與效益，然後，將EC業者無法提供的「產品創意」（獨特性與效益）提供給消極忠實顧客，使他們積極化，難以被搶奪。

Amazon已經開始測試「Amazon Go」的實體店面，它的目標不僅是實體零售業者的消極忠實顧客層，發想這個「產品創意」也是為了搶奪積極忠實顧客，我認為應該視為分析行為數據和心理數據後的策略。

不僅是零售業，各行各業因為變成替代品而失去忠實顧客是家常便飯。優步之類的共享服務不僅侵蝕了計程車業界，也侵蝕了自用車的市場；愛彼迎也侵蝕了飯店類的住宿業，但我認為不僅限於此，想像一下擁有房屋的人當中，消極忠實顧客的心理原因，我認為這會逐漸侵蝕擁有房屋的不動產需求。

若不了解影響「持續購買、持續使用」行為的心理原因，即使忠實顧客的銷售額下降，在無法理解基本問題的情況下，仍會繼續失去顧客。

在顧客金字塔上加入品牌偏好軸線

和忠實顧客層一樣，一般顧客、流失顧客、有認知但未購買顧客也可以根據品牌偏好再各自劃分成兩種。顧客金字塔（五格區間圖）所見的忠實顧客、一般顧客、流失顧客、有認知但未購買顧客這四層，可以用有無品牌偏好分類成八種，然後再加上未認知顧客，總共有九種。總之，九格區間圖分析，就是把第二章的顧客金字塔向右轉九十度，並追加一條品牌偏好的軸線（圖 3-3）。

這裡所謂的品牌偏好，指的是購買者本人下次的品牌購買或使用意願。具體來說，在顧客金字塔使用的三個問題（認知、購買、頻率）再加上「於該類別商品，下次想購買、使用的品牌（是哪個）」，將對象顧客分解為九種。

1. 是否知道這個品牌（認知）
2. 過去是否曾經購買（購買）
3. 購買的頻率如何（每日、每月、每三個月一次、最近沒買過等的購買頻率）
4. 下次在這個類別也想購買／使用的品牌是以下的哪一個（列舉自家與競爭品牌）

※ 並非只是「喜歡」或「討厭」的模糊評價，而是下次購買或使用的當事者「意願」

具體來說，如前述所言，可以從包含競爭品牌的選項中取得

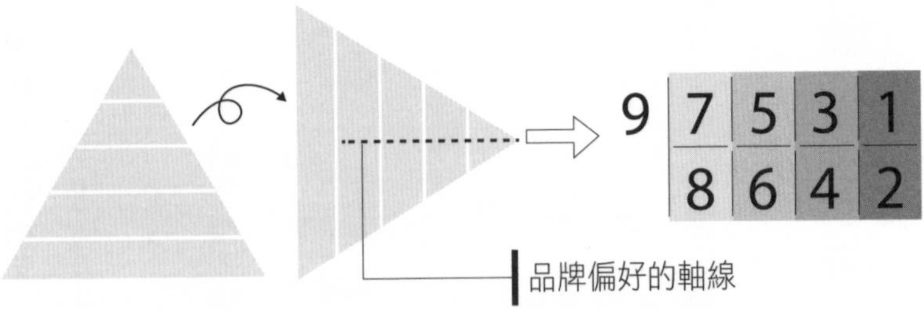

圖 3-3　顧客金字塔與九格區間圖的關係

下次購買意願的單一或多個答案，其中選擇自家品牌的比例，可以當作品牌偏好做應用。根據這個調查，我們可以將顧客分類為接下來的九種區間。

1. **積極忠實顧客**：大量購買（使用）且忠誠度也高，流失顧客風險低的階層。
2. **消極忠實顧客**：大量購買（使用），但忠誠度低，流失顧客風險高的階層。
3. **積極一般顧客**：購買量少但忠誠度高，有較大可能成為積極忠實顧客的階層。未大量購買的原因可能為，他們是競爭品牌的忠實顧客、因為銷售網未觸及和店內曝光的機會少而難以獲得商品，或是對商品的效益感到滿意而產生忠誠度，但覺得性價比還不夠高等。若能找出這些原因，並提出解決方案，他們有很高可能性轉移至第一層。
4. **消極一般顧客**：購買量少忠誠度也低，流失可能性高的短暫顧客層。大部分的顧客都屬於這一層。
5. **積極流失顧客**：忠誠度高，但因為某種原因不想繼續購買的階層。可能改用競爭品牌和其他類別的替代品、因為搬遷等物理因素離開銷售網的觸及範圍，或是因為生產、育兒等原因而使生活方式發生改變等。把他們再次顧客化比較簡單。

6. **消極流失顧客**：改用競爭品牌或其他類別的替代品，或需求本身消失等，現在不再購買且忠誠度也低的階層。

7. **積極有認知但未購買顧客**：對獨特性與商品效益理解薄弱，也沒有購買的契機而未顧客化的階層。此外，他們的情況可能是並未進入銷售網的觸及範圍，缺乏購買情境等。

8. **消極有認知但未購買顧客**：對獨特性與商品效益理解薄弱，也沒有強烈購買原因或契機的顧客層。

9. **未認知顧客**：對商品既無認知，讓他們購買的難度也最高的階層。這是大部分商品或服務最大的區間，以創新擴散理論而言，晚期大眾、落後者占了大部分，但這是想讓中長期穩定成長，應該開拓的階層。

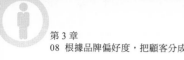

把整合式行銷化為可能

九格區間圖的橫軸，由右至左依序是忠誠（高頻率、高購買額）、一般、流失、有認知但未購買、未認知；縱軸則分類成上面的有品牌偏好和下面的無品牌偏好。這張圖除了第九項的未認知以外，可以看到奇數格的忠誠度高；偶數格的忠誠度低（圖 3-4）。每個區間也和顧客金字塔一樣，可以從問卷調查得到的比例與人口估計值相乘，計算出估計的人數，再以時序追蹤，就可以掌握實施行銷措施的效果。

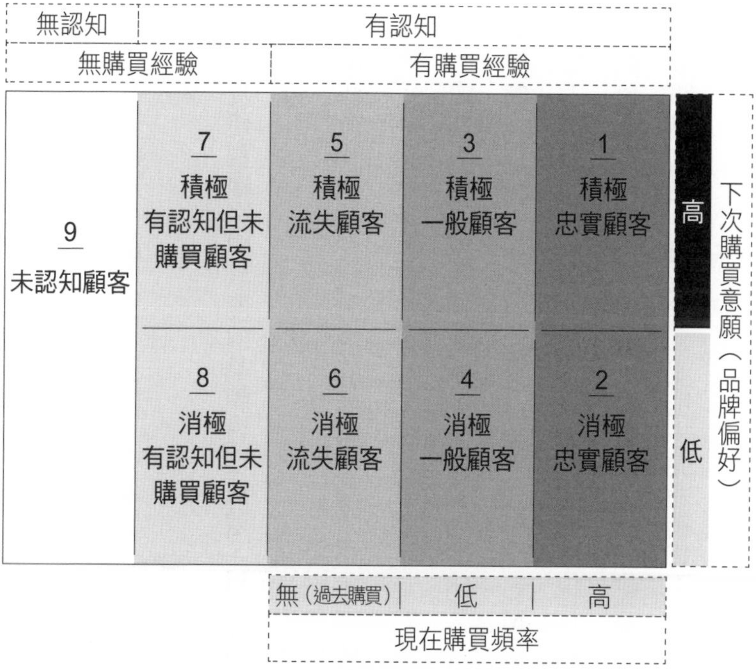

圖 3-4 「九格區間圖」的顧客分析

此圖的一大特徵是，「由左至右轉移」代表顧客數增加、銷售額增加，可以視為「促進銷售」的成效。同時「從下層往上層轉移」則代表過去無法視覺化的「品牌管理」（下次的購買意願、使用意願）的成效。往右上的轉移則代表購買意願增加，實際也有購買，因此達成了雙方面的目標。

此架構將過去未能綜合觀察的促銷成效，以及建置顧客忠誠度的品牌管理成效，以同列方式視覺化、定量化，使整合式行銷討論化為可能。

促銷成效可以採用購買人數、數量、頻率這些行為數據評估，因此易於衡量效果，但品牌管理方面，無論是定義或衡量指標都模糊不明；只要牽涉到創意領域，無論好壞，通常會被視為藝術，當然無法以科學方式說明或拆解，成為不可侵犯的「聖域」。

即使在行銷業界內，長久以來也持續著促銷與品牌管理的討論，這是一項讓CMO（Chief Marketing Officer，行銷長）或行銷負責人傷腦筋的主題。負責促進銷售或數位行銷的人員，覺得品牌管理是沒用的投資；另一方面負責電視廣告、設計、公關的人員，則覺得品牌管理就是一切，也可以聽到「創意無法衡量卻很重要」的詭辯，或是「促進銷售不過是短期思考」的意見。

雖然如此，以顧客為基礎來看，這種二元對立完全沒有意義。使用九格區間圖分析，進行每個區間的 N 1 分析與建構策略、評估潛力的同時，也可以對促銷活動與建構品牌管理進行綜合討論。請以九格區間圖的變化確認「品牌管理」的目的——半聖域化的行銷投資效果，如果看不到從下到上的移動，也就是這個投資並未提高顧客的購買意願，那就代表「品牌管理」的目的不成立。希望讀者務必以顧客的觀點進行「品牌管理」的定量化。

品牌偏好的變化是購買行為的先行指標

因為顧客會持續在自家品牌與競爭品或替代品之間移動，所以自家品牌的九格區間圖，當中的顧客也會有大幅變動。行銷就是視覺化這個現象後理解它，並以新的「創意」提高心理的品牌偏好而不僅限於購買行為，從而擴大整體顧客數與忠實顧客層。

執行行銷投資時，若看見九格區間圖中顧客和銷售額由左至右成長，或看見由下往上提高品牌偏好時，都會令人心情舒暢。可是有時儘管持續進行行銷投資，也會有看見逆向趨勢的時候。例如銷售額下降（由右至左），或是品牌偏好低落（由上往下）的負面變化。

九格區間中當然也存在競爭對手的顧客，而且自家品牌的顧客也會在競爭者的區間內，呈現動態移動。前一章解說過的「重疊度分析」和競爭者的重疊，也會在製成九格區間圖時發生。

行銷人員即使注意自家品牌的投資，也看不到太多競爭者的變動，而且以顧客的角度來看，通常也看不到發生了什麼樣的變化，另一方面，市場每天產生了無數各式新商品或服務的提案、新的招攬手法，顧客的選擇不斷增加中，新的「產品創意」如果能得到顧客認可又能吸引到顧客，購買量和忠誠度也會轉移過來。根據對這個「產品創意」的滿意程度，顧客可能會回來，也可能不會回來，也有並用兩種產品的情況。

特別是九格區間圖的偶數格，是忠誠度薄弱的階層，流向競爭者或替代品的變化快速，此外，即使是奇數格忠誠度高的階層，也會發生購買頻率下降，從右向左移動。透過定期追蹤，及時掌握變化，再以攸關行為和心理的調查與N1分析，了解消費者認為的替代品是什麼，對此替代品與自家品牌進行分析，希望藉此發想出下一步的「產品創意」和「傳播創意」。

順帶一提，推出產品的初期，我曾在前一章提過，忠實顧客層有許多創新者和早期採用者，但他們對具有獨特性的競爭品或替代品反應也非常迅速，只要一察覺新的「創意」就會立刻行動。如果能以 N1 分析持續追蹤他們的活動或評價，即可事先發現風險。

相反地，分析競爭者的九格區間圖，若能對他們的消極忠實顧客做 N1 分析，並將造成消極的原因用自家商品去補足，就有可能一口氣奪走對方的顧客層。

總而言之，**品牌偏好的變化是購買行為的先行指標**，根據目標類別的購買週期或使用週期不同，評估的時間也會不同。例如二到三個月購買週期的商品，如果品牌偏好下降，購買頻率和銷售額都會下降，購買週期可能會變成三到六個月，是原本的二到三倍。品牌偏好的變化是銷售額的先行指標，必須仔細觀察。

衡量促銷和品牌管理是否有效

和上一章一樣，這裡將量化調查的數據區分為九個顧客區間，分析比較各自的差異並提出假設，再經過N1分析驗證假設，深究深層心理，發想出「創意」。與顧客金字塔的五格區間圖相比，九格區間圖可以用有無偏好做拆解，因此可以探討什麼因素和品牌偏好有關，之後，對發想出的「創意」進行概念調查，觀察九格區間各自反應多少好感度，可以藉此驗證促進銷售的效果（從左到右）及品牌管理的效果（從下到上）（圖3-5、3-6）。

理想狀況是顧客往右上方移動（圖3-7）；如果往右下的移動看起來很強勁，很可能是短期銷售成長告終，必須研究如何往上移動（強化忠誠度）。

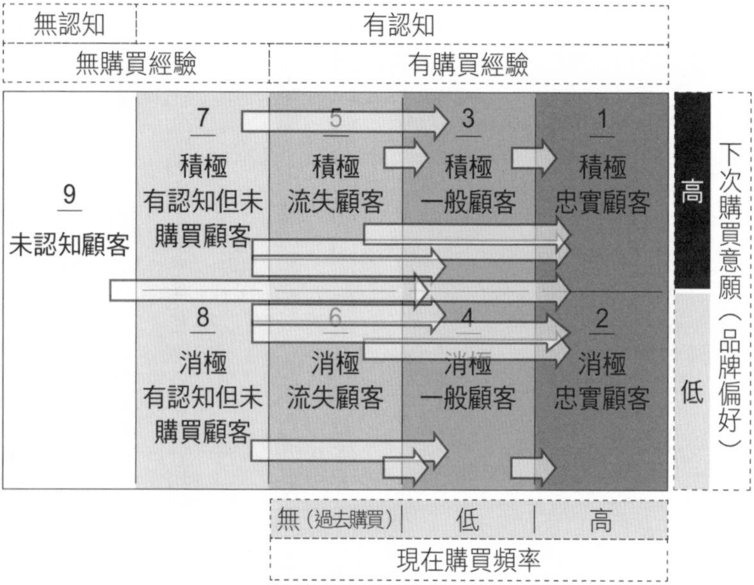

圖 3-5　可進行的策略 1：促進銷售

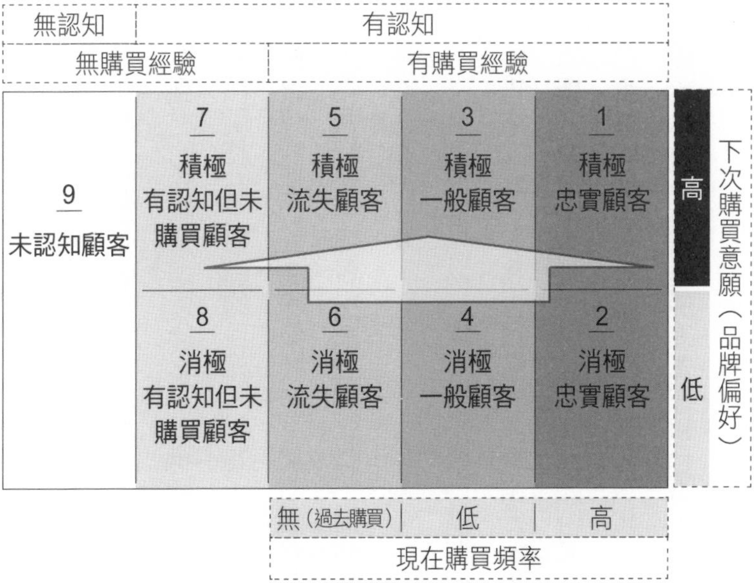

圖 3-6　可進行的策略 2：品牌管理

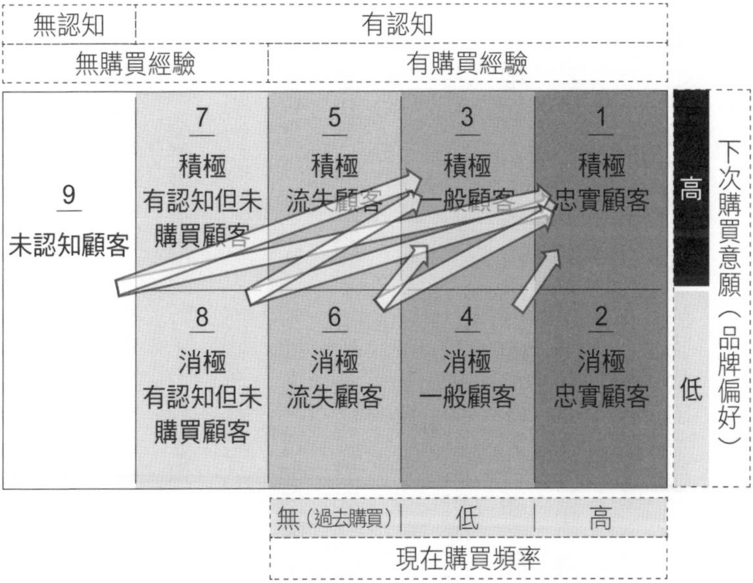

圖 3-7　可進行的策略 3：促進銷售與品牌管理

以前一章介紹過的歐舒丹案例而言，利用「誰都喜歡的禮物」的「傳播創意」，以禮物為號召，促進初次購買，貫徹基礎護膚商品的試用活動（即「產品創意」），成為忠誠化的起點。這是以九格區間圖為基礎所實施的策略，為了買禮物而來店面或EC的顧客呈現從左到右的移動（顧客成長、銷售額成長），同時搭配和基礎護膚相關的電子郵件和DM，實現了往右上移動的目標。只為了買禮物而來的顧客，購買的理由是「很適合當禮品」，因此這時候他們的品牌偏好（下次的購買意願）較弱，有較高風險淪為短暫顧客，這個風險可以在九格區間圖看出來，因此為了提高當事者的購買意願，我們展開了搭配基礎護膚產品的推薦活動。

SmartNews以「優惠券頻道」這個「產品創意」達成了從左到右的顧客成長與廣告收入銷售額成長，但我也預見光靠這個方法，很有可能只增加了想使用優惠券的消極忠實顧客與消極一般顧客；另一方面，我們知道若能體驗SmartNews首頁上的新聞專欄，或是選擇自己喜歡的頻道，有高機率可以忠誠化（提高品牌偏好），因此讓使用優惠券頻道的顧客一定會經過首頁，或是能夠選擇自己喜歡的頻道，藉由強化這種傳播，致力於強化由下往上的忠誠度。

由於促銷活動的措施生效較快，比較容易引起由左向右移動，但形成忠誠度需要時間，最重要的還是「產品創意」本身。雖說開發並提供強大的「傳播創意」，也不代表會驟然提高下次購買的意願，任何的行銷投資都容易發生短期內增加忠誠度低的下層人數，因此必須繼續強化和升級能夠從下層往上層提高忠誠度的「產品創意」。

為了衡量這種短期和中長期的促銷效果與品牌管理效果，以開頭提到的九格區間圖分析、追蹤顧客是有效的方法；如果沒有效果，就回到N1分析，努力發想出新「創意」。透過此方法持續進行PDCA，躍進式加深對顧客的了解，在發想促進銷售與品牌管理的「創意」時，就能提高準確度與速度。

提防「破壞式創新」替代品讓顧客流失

定期追蹤九格區間圖，可以及早查出並預防風險。這裡所謂的風險，指的是上一章重疊度分析提過的，過去未曾見過、來自其他類別的替代品威脅。

九格區間圖的「2消極忠實顧客」、「4消極一般顧客」、「6消極流失顧客」，是一群容易被忽然搶走的顧客層，因為競爭者或其他行業的替代品出現，而這些替代品提供了獨特的效益。哈佛商學院教授克雷頓・克里斯汀生（Clayton M. Christensen）所提倡的「破壞式創新」，之所以會打擊自家的商品，大多也是從這幾層的外流開始。類似**「破壞式創新」的替代品在上市時鮮為人知，屬於利基市場，在銷售額和市場占有率之類的宏觀指標很難看出它們的侵蝕，因此很晚才會察覺風險**。

當宏觀指標看到它的影響時，已經為時已晚，自家商品的顧客會持續被搶走，直到制定出解決方案或應對策略並付諸執行為止。這個侵蝕的前兆，不僅反映在各區間的顧客購買行為變化上，只要持續做心理數據分析和N1分析都看得出來。N1分析若出現之前未曾見過的競爭品或替代品名稱時，必須特別注意，在此時刻必須進行優勢和劣勢的分析，預測當這個競爭品的品牌認知上升時會發生什麼事，並摸索對策。N1分析的重要性就在此處。

舉另一個歐舒丹的例子來說，護髮商品也占了很大銷售額，因此我們定期聆聽九格區間圖中積極忠實顧客和消極忠實顧客的N1意見，發現從某個時期開始，來自消極忠實顧客的意見裡，開始出現EC專賣的高級護髮商品，有成為替代品的現象。在此之前，我們只關注開設零售商店的競爭，但當我聽說有關這個 EC 專賣的商品時，得知他們利用「有品味者選擇的自然派護髮」（只有懂的人才識貨），這個類似歐舒丹「產品創意」的提案開始搶走顧客。

自從歐舒丹在日本發展以來，這個「產品創意」一直沒變，但品牌認知超過七〇%，已經處於大眾化的位置，因此「只有懂的人才識貨」並不成立，這點讓它正在被侵蝕。結果，我們把「產品創意」的重點從「每個人都喜歡的經典南法護髮產品」轉為「經典感」，用獨特性打防禦戰，之後也結合了禮物的提案，這個「經典」的獨特性總算阻止了顧客數與品牌偏好的下跌。

價格促銷能立竿見影，但會讓品牌價值降低

折扣之類的促銷活動有價格的吸引力，具有立竿見影的效果，但是如果推出不同於原來「產品創意」的促銷活動，儘管顧客由左向右移動的速度很快，同時也會增加下層的人數。

這是因為如果未能切實感受「產品創意」，就不會連結至下次購買。這就和因為打折第一次去餐廳，但是不好吃的話，不會光顧第二次一樣。

再加上推出價格促銷的策略，對於本來有品牌偏好的顧客改強調所謂的「優惠感」，造成過去建立的「品牌價值＝產品創意」的價值降低（圖3-8）。典型的例子是，對第一區間的積極忠實顧客推出集點制之類的酬賓方案，不知不覺購買目的卻成了獲得點數，而失去品牌偏好，也就是從第一區間跌落到第二區間。如果競爭產品也採取類似的措施，那麼提供低價將無法有效防止顧客

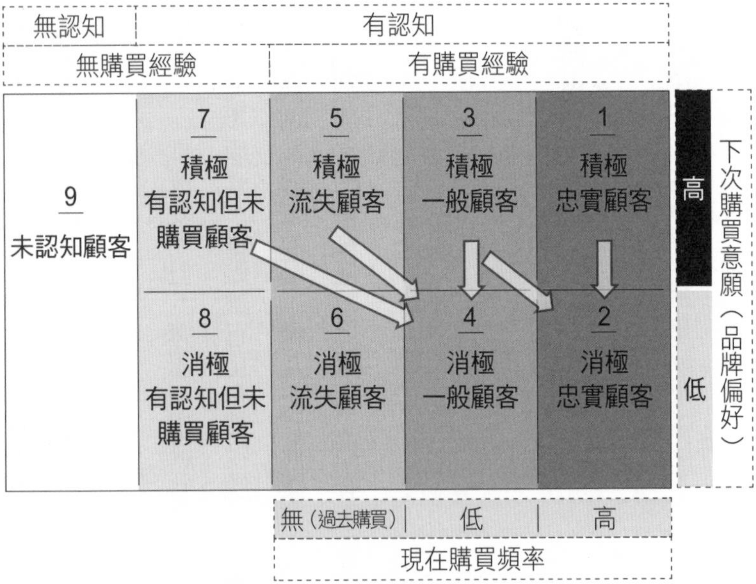

圖 3-8　以價格招攬的策略風險

流失，一旦對手提出新的獨特性或效益，就有立刻遭到移情別戀的風險。

基於以上理由，品牌行銷人員會猶豫是否推出價格上的促銷策略。可是，若可以深刻理解「產品創意」的長處與出色之處，同時設計能夠實際交流或體驗的措施，也能期望發揮協同效應。重要的是，以顧客為起點，創建出整合促銷活動與品牌管理活動的行銷策略。

此外，第七和第八區間有認知但未購買層，很多時候比有購買或使用經驗的階層顧客人數更多，這裡潛藏著未來成長的一大機會。我們常用 EC 或零售的購買數據做區隔進行行銷，但大部分的情況下看不到這一層，如果不把這一層納入視野，往往容易發生在自家商品銷售持續低迷時，基於商品「過時了」、「到潛力極限了」之類沒有根據的主觀意識而放棄投資，放棄了理應還有發展空間的商品。

為了不忽略這種風險和潛力，希望讀者能以九格區間圖的追蹤和 N1 分析為基礎制定策略。

隨每個區間的變化增加成本

另外，當目標是拉攏新顧客時，獲客成本取決於有無品牌認知和有無品牌偏好，差異很大。例如比較每個區間數位行銷的獲客成本，假設有認知但未購買是一〇〇%，未認知層第九區間的獲客成本則上升至一六〇%到二二〇%左右，此外，對於有品牌偏好的流失層與有認知但未購買的第五和第七區間，和沒有品牌偏好的流失層與有認知但未購買的第六和第八區間相比，獲客成本也有二〇〇%到三〇〇%（圖3-9）。

這個差異取決於品牌或所使用的創意，在我過去的業務中，建構顧客對品牌的認知和偏好一定會大大影響數位行銷的投放效率。這就是為什麼認知與品牌偏好要包含在KPI中，必須整合設計行銷的原因。

有認知但未購買層（7、8）	100	有品牌偏好的流失層、有認知但未購買層（5、7）	100
未認知層（9）	160-220	無品牌偏好的流失層、有認知但未購買層（6、8）	200-300

圖 3-9　數位行銷的成本效益

09 如何做到真正有效的品牌管理？

喜好和購買意願容易混為一談

在前一章節提及品牌管理被當作「聖域」，而本章節開始，將更進一步分析行銷人員大多無法發展策略的品牌管理。

若重新解說品牌偏好，許多時候容易把單純的「喜歡或討厭」和「下次的購買（使用）意願」混為一談，但這兩者明顯有所不同。

就前述的超市例子來思考，位在家門前一直以來很熟悉的超市，和店員也很熟，或許很

「喜歡」這家超市，乍看之下，好像有品牌偏好；另一方面，位在兩百公尺外的新超市，因為不熟悉或許感覺「既不喜歡也不討厭」，但有很高可能性獲得「下次的購買意願」。

因此，即使在「喜歡或討厭」這一點，自家公司占有優勢，也無法掌握顧客私下關注新超市，甚至是具體的光顧、購買，要是把這點混為一談，就會陷入「我們的顧客非常喜歡我們公司的品牌，但不知什麼原因，整體銷售額卻在下降」的狀況。我認為只要是商業，僅「喜歡」品牌，不是比「下次也會買」的意願更優先的事項。

另外，電視廣告獲得好評，卻沒有反應在業務上的品牌，是混淆了「產品創意」和「傳播創意」。儘管有話題廣告登上媒體版面，也在廣告排行榜名列前茅，但卻沒有感覺到品牌成長，實際數字也沒變化，經營團隊被質問原因，負責電視廣告的行銷負責人或廣告代理商，以廣告的高排名和SNS（Social Networking Services，社群網路服務）的評價為擋箭牌，回答「品牌管理很有效」、「已經爆紅了」，遺憾的是這完全沒有意義，只有廣告本身受歡迎。

和產品效益無關聯的廣告，雖然可以提升受眾對廣告本身的好感度，但很難改變是否要購買商品的態度。這並非品牌管理，而是花行銷成本獲得顧客對廣告的好評。

也有一些調查上的問題會錯認廣告效果。在電視廣告後進行調查時，增加了「我喜歡這個品牌」的比例，因而判斷為「品牌管理」有效的情況也很多，但實際在調查上，無法辨別這是顧客對電視廣告，還是對商品或服務的評價。大多數的情況，對電視廣告的好感度，在調查上會被當成對品牌好感度的評分，因此，為了避免把對廣告的偏好錯認為對品牌本身的偏好，調查時應採用下次購買商品的意願來評估。

實際上，當我們查看過去廣告排行名列前茅和獲得廣告獎的商品的會計報告和市占率，會發現其中有相當多是陷入苦戰的品牌。一半以上排名前面的廣告，雖然廣告得到好評，卻發生了無助於提高品牌購買意願的現象。

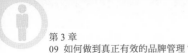

品牌形象好不代表顧客會買單

我認為有許多案例是，重視「品牌」的企業把形象當作是品牌管理的指標，所謂的形象，像是這個品牌或商品類別的功能和效益，以及擬人的形容（可以信賴、創新、有技術、時尚、有品味、優質、高級、像朋友）等，這些衡量標準在經過進一步N1分析發想出新的「創意」時，是有用的參考指標，但提高這些形象評分和購買意願之間，通常沒有關聯。

例如，無論哪個品牌都想要「創新」、「高品質」之類的形象，即使獲得高分，它們通常也不是影響購買意願的原因。如果在電視廣告等宣傳推出「創新」、「高品質」，調查上的形象評分將會上升，但如果它與顧客要的效益沒有具體連結，並無法提高購買意願，實際也不會購買。對現在正在使用的智慧型手機感到滿意的人，新商品A提出「創新」、「高品質」的形象，這個形象即使獲得高度好評，也不會引發任何事，重要的是「產品創意」（獨特性與效益）。我希望讀者能進行這類形象與購買意願的相關分析後，看清哪個形象會影響購買意願，再提出該品牌形象作為指標。

影響購買意願的形象，也經常根據每個顧客區間而不同，因此不要把忠誠、一般、流失和有認知但未購買混在一起進行形象評價，應該分開對每個區間進行相關分析。以購買意願而言，比較能引發顧客購買的應該是「產品創意」的效益，和具獨特性的商品功能，兩者形象之間有很強的相關性。像是化妝品，對於保溼這個效益，「獨特的成分A」、「獨特的處方B」等，可以舉出這些能證明效益的獨特功能。

需要注意的是，獲得高分的形象並非購買的起因，那或許是商品已經具有忠誠度，而且下次購買的意願也很高的結果指標，這種情況，即使以獲得積極忠實顧客好評的形象擴大招攬，也可能無法讓位於其他區間的顧客產生購買行為或增加品牌偏好。必須辨別這是引起其他區間顧客購買意願的形象，還是忠誠化之後的結果指標。

特別是忠誠度高的顧客，對所有商品形象都會給高分，因此不可能立刻明白能提高忠誠度，或是增加購買意願的契機為何，重要的是透過每個區間的比較分析，以及了解N1顧客體驗旅程，辨別各種要素的主從關係、原因和結果。

把忠實顧客的支持當作影響力行銷策略

服飾、化妝品、生活風格類的奢侈品牌企業，非常講究品牌形象。當中也有透過營造品牌形象而成功的案例。

他們除了有因特定品牌形象而產生購買意願的忠實顧客，也有許多因為這些忠實顧客而

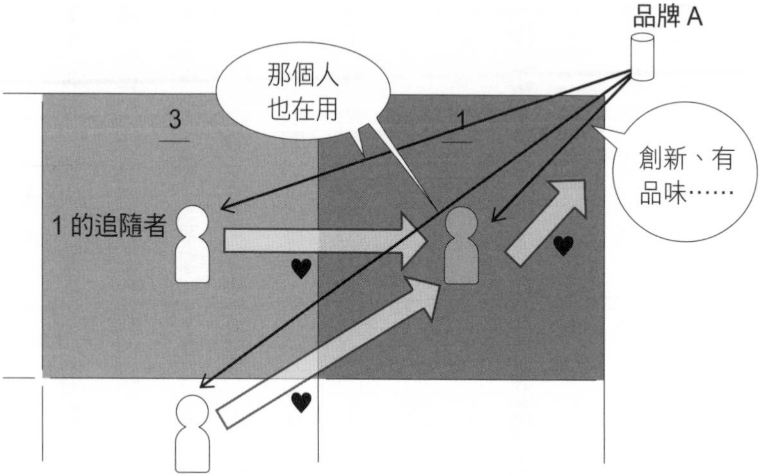

圖 3-10　形象上品牌管理有效的情況

購買的一般顧客。正因為一些狂熱的忠實顧客層支持它，又有跟隨這些人的多數一般顧客來購買，這就是它的商業模式。

在這種情況下，最重要的是提升吸引忠實顧客層的特定品牌形象（創新、有品味、高級等等），而把他們的支持和熱情當作「創意」，應用於引起其他顧客的購買意願，成了一項行銷策略（圖3-10）。對少數忠實層強化形象屬性和提升購買意願，將影響許多一般顧客的購買意願，因此不能對整體目標顧客進行相同的形象塑造和宣傳方式，必須辨別什麼會影響後，再針對各個區間實施不同的行銷策略。影響力行銷也屬於這類行銷，藝人或名人，他們對特定的忠實階層影響很大，這方法在有許多追隨者的奢侈品類公司很有效。

反過來說，若在這種心理機制起不了作用的商品類別發展影響力行銷，就會完全無效。縱使有意見領袖突然誇獎便宜的食品、飲料之類的消費產品，除非購買這項商品的契機是「在名人之間很流行」，否則成效就會不如預期。

留住消極忠實顧客的策略

讓我們試以更常見的商品來思考，例如大型行動通訊業者的品牌管理。第一章曾介紹過軟銀活用出色的「傳播創意」和「產品創意」，但現在行動通訊業的市場本身已經屬於商品大眾化的類別了，各家公司都販售綁約多年的手機，提供便宜的價格，雖然可以成為購買的強烈動機，卻不會產生忠誠度。

這個策略雖然可以在一定期間內防止顧客轉移到其他業者，但就像沒有差異化的超市，只是與住家的距離較近，短期內雖能有效促進銷售，但本質上並無獨特性，存在未能形成

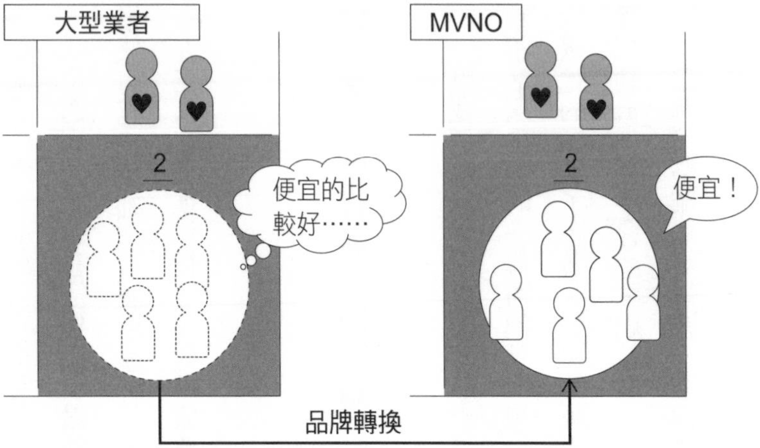

圖 3-11　MVNO 獲得市占率的原因

忠誠度的風險，若重複促銷措施，雖然會增加消極忠實顧客，但是將會降低這個消極性的進入壁壘，若能阻止其他品牌進入市場，並持續守住消極忠實顧客當然很好，但若做不到，將會提高在短期內失去消極忠實顧客，造成業務損失的風險。

非常便宜的智慧型手機 MVNO（Mobile Virtual Network Operator，行動虛擬網路業務）能夠提高市占率的原因，就在於大型業者碰到了面對消極忠實顧客，無法維持對手進入壁壘高度的問題（圖 3-11）。

如果大型業者為了讓 MVNO 的便宜效益消失，同時消滅 MVNO 的市場，可以大幅降低基本費用，即使短期的利潤率下降，也可以守住寡頭壟斷的局面。若想維持大量的顧客，並在中長期製造其他收益方法，這個策略很有效。

一般零售店販賣的食品和消費產品也一樣。以營業能力與促進銷售的投資為手段，只要維持大量出貨店面數，或在商品貨架上大量曝光，就能守住消極忠實顧客，但有高風險會因為競爭者提出獨特性效益（產品創意），而一下子被搶走顧客。

好的品牌管理必須以「產品創意」為基礎

以創新擴散理論來看，若品牌還未「跨越鴻溝」，品牌認知和顧客數都很少，首先應該避免價格訴求，以免損害該落實的「產品創意」。只要提案的商品能夠提供具有獨特性的效益（產品創意），並且專注於這個具有獨特性效益的促銷活動，直到「跨越鴻溝」為止，我認為不失為良策。

品牌管理並非不必要，首先要弄清楚這個商品或服務到底是為了什麼而存在，最重要的是最初的「產品創意」本身的認知形成。在發布新商品時，雖然品牌管理會在意形象，但比起「產品創意」的獨特性和明確效益的認知形成，形象並非優先投資的項目，況且，也不該把不能補足「產品創意」的粗糙「傳播創意」視為優先。

至少「跨越鴻溝」以前，直到所有目標顧客的認知度超過約五〇%左右，我認為應該以「產品創意」的獨特性和明確效益來徹底轉換。只要獨特性與效益明確，品牌偏好也會隨著認知與轉換度的上升而成長。

認知在全體目標顧客超過五〇%後，開始滲透至大眾層，這時認知的成長將會放緩。在此階段，可以對沒有品牌偏好的第二、四、六、八區間，以及有品牌偏好的第一、三、五、七區間進行比較，再透過N1分析開發出「傳播創意」。將此創意概念化，並以量化調查評估依序實行，逐步增加品牌偏好。比起認知，這階段的目標應該是提高品牌偏好，行銷投資的對象應該是有認知但未購買層（大眾層）的顧客化、一般顧客的忠誠化，以及忠實層的超級忠誠化。

從品牌創立時起，徹底發展具有獨特性和效益的「產品創意」，並擴展這個認知與經驗，是創建持續成長品牌的基礎，並非使用「傳播創意」來創建品牌。

第3章摘要

1. 以九格區間圖分析，同時視覺化促銷活動與品牌管理。
2. 品牌管理是可以衡量的，應該當作投資目標進行科學討論。
3. 顧客會動態地並用競爭商品或替代品，不停移動至不同區間。

專欄
3

活用九格區間圖分析汽車市場的實例

二〇一八年，我私下嘗試對各家仍有新聞報導的汽車業界品牌，進行了簡單的網路調查，並以九格區間圖分析。與顧客親自購買並在短期內消費的一般商品相比，汽車具有幾個特徵，首先，汽車分類有私家車和商用車，各自又有新車、中古車和出租車等，這裡的分析對象是包含新車、中古車和出租車的私家車。調查私家車平均購買週期的結果是長達六、七年，也有許多人擁有多輛車，或是因為家庭共用，購買者和使用者不同，而購買者雖是一家之主，也可能由妻子決定。儘管存在各種複雜性，這份調查的目的是掌握業界的整體感和主要品牌顧客的差異，對象是「自我認識『擁有某種私家車』的人」。此份調查排除了雖然是購買者卻非擁有者的人，以及現在雖然沒車，未來說不定會有車的人。

以此為前提，對全國擁有私家車的一千三百人（十八到六十九歲男女），施行以下問題的問卷調查：1.對主要汽車品牌的認知；2.擁有經驗（現在擁有的品牌和以前擁有的品牌）；3.下次購買品牌的意願。因為購買週期很長，調查結果把以前擁有的品牌和現在擁有的品牌一致的顧客，當作現在擁有品牌的忠實顧客；不一致的時候，則分類為現在使用品牌的一般顧客。實際調查時間是二〇一九年一月十五到十八日，產生原始數據的調查本身，費用是六萬八千日圓。因為樣本量很小，無法做精密的統計分析，但足以掌握概略。

調查的結果發現，現在至少有一位擁有者的汽車品牌，總共有十五個。以下介紹調查結果的概要，以及可以進一步做何種分析。因為這是包含擁有新車或中古車的調查，和日本汽車販賣協會聯合會所公布的登錄輛數市占率（新車銷售）不同，不過也可以試著參閱那份結果，觀察主要的七個品牌。首先是這次調查的擁有者市占率，依序是豐田（TOYOTA）（三六・八％）、本田（Honda）（二二・二％），以及日產（NISSAN）（一七・四％）。雖然這和二〇一八年正式登錄車輛數的數字不同，順位倒是大致相同，不同的是三菱的擁有者市占率比較高（六・六％）。

把現在擁有者當中的品牌偏好度，以九格區間圖的架構來表示時，請看「現在擁有者的品牌偏好」這一項（圖中①），豐田（五〇．七％）為壓倒性的優勢，凌志（LEXUS）（四七．四％）看起來也有高價格帶的優勢，表明了豐田集團的品牌策略實力堅強。為了更詳細評估這個策略，接著欲進行的是豐田與凌志的重疊度分析，這麼做可以評估豐田與凌志之間的顧客移動，而且如果觀察凌志的積極一般層以前擁有的品牌，也可以評估從豐田到凌志的移動，再加上進行日產和本田等其他品牌的重疊度分析，我想就能看出豐田集團這兩個品牌策略的評價，以及私家車擁有者的大致趨勢。此外，若能進一步探討分析從豐田移動到凌志、從其他品牌移動到豐田或凌志的顧客，以及反過來外流到其他品牌的顧客，再加上包含車種的行為數據、心理數據進行N1分析後，即可制定出包含將來開發新產品可能性的5W1H行銷策略。

如果再加上未包括在此次調查對象內的雷諾*，就可以對日產集團的日產、雷諾、三菱進行同樣的分析。我們可以從這裡看出具體的機會與風險，即使並非有關人士，也可以建構

＊法國車商雷諾自一九九九年起成為日產的母公司後，兩家公司在日本政府的干預下組成企業聯盟；二〇一六年，日產在三菱汽車爆發造假醜聞後，收購三菱汽車三四％股權，將其納入日產與雷諾的企業聯盟，雷諾成為兩家公司的實質控制者。

網路調查　2019 年 1 月（N = 1,300）

（人數）	豐田	本田	日產	速霸陸	三菱	馬自達	凌志
1 積極　忠誠	214	93	47	16	10	20	7
2 消極　忠誠	140	110	90	23	35	22	7
3 積極　一般	29	11	9	3	1	3	2
4 消極　一般	96	75	80	22	40	26	3
5 積極　流失	36	22	12	4	0	5	5
6 消極　流失	206	201	274	106	201	147	32
7 積極 有認知但未擁有	57	34	22	31	2	31	31
8 消極 有認知但未擁有	499	732	744	1068	982	1021	1172
9 未認知	23	22	22	27	29	25	41
合計	1,300	1,300	1,300	1,300	1,300	1,300	1,300

（每個品牌的九格區間圖分布%）	豐田	本田	日產	速霸陸	三菱	馬自達	凌志
1 積極　忠誠	16.5%	7.2%	3.6%	1.2%	0.8%	1.5%	0.5%
2 消極　忠誠	10.8%	8.5%	6.9%	1.8%	2.7%	1.7%	0.5%
3 積極　一般	2.2%	0.8%	0.7%	0.2%	0.1%	0.2%	0.2%
4 消極　一般	7.4%	5.8%	6.2%	1.7%	3.1%	2.0%	0.2%
5 積極　流失	2.8%	1.7%	0.9%	0.3%	0.0%	0.4%	0.4%
6 消極　流失	15.8%	15.5%	21.1%	8.2%	15.5%	11.3%	2.5%
7 積極 有認知但未擁有	4.4%	2.6%	1.7%	2.4%	0.2%	2.4%	2.4%
8 消極 有認知但未擁有	38.4%	56.3%	57.2%	82.2%	75.5%	78.5%	90.2%
9 未認知	1.8%	1.7%	1.7%	2.1%	2.2%	1.9%	3.2%
合計	100%	100%	100%	100%	100%	100%	100%

擁有者市占率 (1+2+3+4)/1,300	36.8%	22.2%	17.4%	4.9%	6.6%	5.5%	1.5%	
現在擁有者當中的品牌偏好 (1+3) / (1+2+3+4)	50.7%	36.0%	24.8%	29.7%	12.8%	32.4%	47.4%	—①
成長潛力 (5+7) / (1+2+3+4)	19.4%	19.4%	15.0%	54.7%	2.3%	50.7%	189.5%	—②
流失率 (5+6) / (1+2+3+4)	50.5%	77.2%	126.5%	171.9%	233.7%	214.1%	194.7%	—③

參考：日本汽車販賣協會聯合會　登錄者市占率

2018 年 1~12 月	豐田	本田	日產	速霸陸	三菱	馬自達	凌志
登錄車市占率	47.1%	11.9%	9.6%	4.2%	1.0%	5.6%	2.2%

一定的策略。我希望能深入探討為什麼擁有者的市占率與登錄車輛數的市占率相比，大幅低於三菱品牌偏好度（一二．八％）的原因。

接著是針對現在擁有者的數量，把現在沒有車但有下次購買意願的「潛在購買層」的比例視為「成長潛力」（圖中②）。凌志（一八九．五％）顯示它在高價格帶很強勢；而速霸陸（SUBARU）（五四．七％）、馬自達（MAZDA）（五〇．七％）儘管在一般價格帶，似乎也有非常高的成長潛力；相反的，在現在擁有者當中具有高品牌偏好的豐田，「成長潛力」很低（一九．四％），首先因為擁有者的母數本身已經很大，以及豐田長久以來在日本國內排名第一，這算是已經吸收許多潛在購買者的證據。它在日本國內的銷售店數壓倒性居多，也能推測或許是基於這個原因，豐田集團致力於凌志的用意也很明確。

從流失率（圖中③）來看，豐田（五〇．五％）和本田（七七．二％）達成了很強的維持顧客目標；另一方面，其他車商則有較高的流失率，要深究這些流失顧客，似乎還需要更深入調查他們的原因和契機。特別是速霸陸和馬自達，雖然「成長潛力」的指標很高，另一方面流失率也高，基於此事實，他們似乎有很大的商機，應該針對不同的顧客區間並進發展「產品創意」和「傳播創意」。

以重疊度分析看清流失顧客轉移的品牌，以及對自家品牌表明下次購買意願的顧客，他們現在擁有的品牌，各自比較分析後，應該就能看見生活方式的變化或期待汽車的不同需求。只要能了解產生差異的原因，就能發想出能夠防止流失和獲得新客的兩種不同「創意」，並規畫出包括具體開發新產品或改良方案的行銷策略。雖然我們必須驗證這些策略能否執行而不會自相矛盾，但重要的是深究各個不同顧客區間並思考解決策略。

像這樣光靠活用九格區間圖的架構，就可以制定各種假設，集中注意力在理解顧客上，有趣的是，即使不是相關領域的人也能夠實行。這一次的調查雖然不過是當作實例說明，但只要加上購買者與擁有者的關係、新車與中古車、汽車的分類等的行為數據，以及品牌形象分析之類的心理數據，再以時序重複做 N1 分析和假設設定，就能逐步導向準確度非常高的有效策略和發想「創意」；反過來說，我認為除此之外的調查都顯得不太必要。

第 4 章

從實體跨足數位，單一顧客分析法也奏效

本章將具體介紹我在 SmartNews 所施行的一連串措施。我以前也用過同樣的流程培育「肌研」和歐舒丹，開發各式各樣的新品牌，讀者若能將自己負責的品牌代入對照，並往下閱讀本章節，我想應該能實踐先前提到的架構。

10 在數位領域實踐的成果

從百大之外躍升排名第一

如同本書開頭所提及的，SmartNews花了大約一年時間從iPhone（iOS）的APP排行一百名外進步到第一名，在Android的排行也獲得了第一。這裡我將以顧客金字塔和制定九格區間圖為基礎，詳細解說如何具體分析、發想「創意」，連結至施行對策能是否得到成果。

若以時序介紹大致的流程，如以下所述：

- 二〇一七年二月：透過包含競爭者的網路調查，制定顧客金字塔，實行基本的顧客分析。
- 四月：重新從網路調查制定顧客金字塔和九格區間圖，確認人口統計屬性和形象屬性的認知，掌握每個區間的行為和心理，再實行重疊度分析與N1分析。
- 五月：發想出三十個以上的「創意」，取當中的十九種做概念調查（概念測試）。
- 六月開始：從評價高的概念中，準備開設能夠提前開發的「世界新聞頻道」。
- 八月：為了將來驗證效果，重新實施網路調查，制定顧客金字塔和九格區間圖。開設「世界新聞頻道」。
- 九月：以包含「世界新聞頻道」的多個概念為基礎，起用女演員吉岡里帆製作七種電視廣告，在小規模區域播送，測試投資效果。
- 十月：集中投放投資效果最高的「世界新聞頻道」的電視廣告。
- 十二月：「世界新聞頻道」獲得成功，正式開始在概念測試中評價很高的「優惠券頻道」的產品開發。
- 二〇一八年三月：開設「優惠券頻道」。

- 四月：為了形成「優惠券頻道」的認知，起用搞笑藝人千鳥，製作六種腳本的電視廣告，進行小規模測試後，縮限至投資效率最高的一種集中投放。

以顧客為起點的行銷，競爭分析很重要

我希望先告知的前提是，要實踐以顧客為起點的行銷，競爭分析的重要性越來越高。在此之前的一到三章之間，為了先讓各位讀者領會思考方式，介紹了自家品牌的基本分析和發想「創意」，而有關競爭分析，第二章僅止於介紹重疊度分析，可是，發想強大「創意」的線索，正好潛藏在顧客基於什麼樣的認知而使用自家品牌和他家品牌，分析而得的優點和缺點、機會與風險中。

因此，我也經常同時調查自家公司品牌和競爭品牌，排進分析與發想「創意」的流程中。本章節也會就此詳細介紹被認為和 SmartNews 類似的競爭者 A 的比較分析。

順帶一提，顧客金字塔（五格區間圖）和九格區間圖的差異，雖然只在於加入品牌偏好

的提問，把區間從五個分解為九個，但只要增加分析單位，為了讓每個區間在統計學上的分析具有顯著性差異，就必須增加調查母數，例如五格區間圖需要的調查母數若為兩千人，九格區間圖就至少需要一．八倍，也就是三千六百人以上，成本也會隨之增加。

另外分解九格區間圖也費時費力，因此若希望在短期內以低成本全面掌握目標顧客，或是品牌還很小的時期或新創期，我建議先應用顧客金字塔即可；若品牌已經很大，評估後認為品牌管理投資對促進銷售活動很重要，也負擔得起時間和成本時，我認為可以一開始就引進九格區間圖。

沒有明確定位，容易被迎頭趕上

SmartNews 誕生於二〇一二年，擁有強大的獨特性（第一個無論在哪都可以用智慧型手機輕鬆閱讀各網路新聞和資訊的新聞 APP）和效益（即「產品創意」），一口氣獲得許多顧客。作為發送新聞的 APP，目標顧客非常廣泛，包含所有男女老幼，沒有明確的定位，在此之後，一下子有許多競爭對手追隨，減弱了獨特性，使新聞ＡＰＰ本身被商品大眾化。身為先驅的SmartNews也從二〇一六年年中開始變得難以獲取顧客，需要新的成長策略。

在這種時機下，二〇一七年一月我經由獵人頭公司的介紹，擔任SmartNews的行銷負責人，為了找出商機，我第一件做的事是做顧客金字塔分析。當時我還在歐舒丹工作，但利用午餐時間向周圍的員工打聽，發現知道SmartNews的人大概是三分之一，此外還聽到許多和競爭者Ａ比較的意見。於是，我把每天使用者定義為忠實顧客，除此之外的使用者則是一般顧客，以網路對SmartNews和包含競爭者A的四個品牌做簡單調查，制定出顧客金字塔。對象是十八到六十九歲的男女，針對調查母數一千兩百三十六人問五個問題，費用約六萬日圓，從設計到得到結果的時間是三天。以下是問題：

【網路調查問題】請回答以下有關智慧型手機用的新聞ＡＰＰ問題

1. 請回答你知道的品牌名稱（可複選）

——SmartNews、競爭者A、競爭者B、競爭者C

2. 請回答過去曾使用的品牌名稱（可複選）
——SmartNews、競爭者A、競爭者B、競爭者C

3. 請回答現在正在使用的品牌名稱（可複選）
——SmartNews、競爭者A、競爭者B、競爭者C

4. 請回答使用的頻率
——每天、每月、不太使用、不使用

5. 請回答一個下次想使用的品牌名稱（單選）
——SmartNews、競爭者A、競爭者B、競爭者C

首先，我們可以從SmartNews和競爭者A的忠實顧客，統整未認知顧客的五格區間圖比例，算出對競爭者A的比較（圖4-1）。例如忠實顧客分別是四・九％和三・三％，因此得知SmartNews多了四八％。接著是乘上總務省公布的人口估計數，算出SmartNews和競爭者A各個區間的實際人數估計值，制定成顧客金字塔（圖4-2），此外，再算出三種轉換率——從認知到有使用經驗、從有使用經驗到每天使用或每月使用、從有使用經驗到流失，

	18-69 歲的男女 N=1,236（2017 年 2 月網路調查）		18-69 歲的男女 8,400(萬人)（總務省人口估計數）		相對競爭者 A
	SmartNews	競爭者 A	SmartNews	競爭者 A	
認知	29.0%	35.8%	2,436	3,007	81%
使用經驗	12.0%	10.5%	1,008	882	114%
忠實　每日使用（DAU）	4.9%	3.3%	412	277	148%
一般　每月使用（MAU-DAU）	4.3%	2.9%	361	244	148%
流失　（使用經驗 -MAU-DAU）	2.8%	4.3%	235	361	65%
有認知但未使用（認知 - 使用經驗）	17.0%	25.3%	1,428	2,125	67%
未認知	71.0%	64.2%	5,964	5,393	111%
偏好（下次使用意願　SA）	7.8%	6.0%	655	504	130%
使用經驗／認知	41%	29%			
每日使用（DAU)／使用經驗	17%	9%			
每月使用（MAU）／使用經驗	15%	8%			
流失／使用經驗	23%	41%			
偏好／認知	27%	17%			

（DAU，Daily Active Users，日活躍指標。MAU，Monthly Active Users，月活躍指標）

圖 4-1　SmartNews 和競爭者 A 的顧客分析

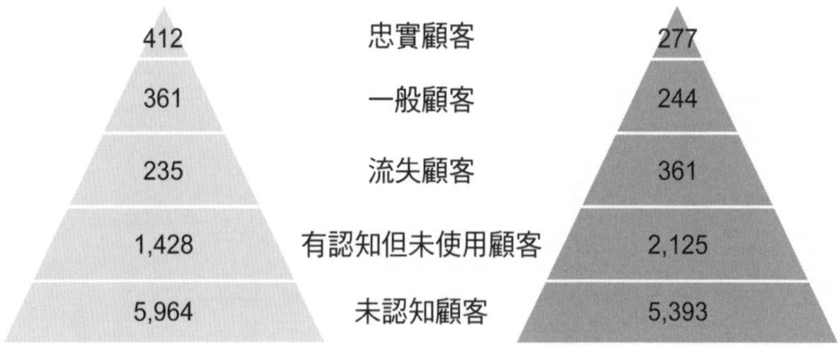

（單位：萬人）

圖 4-2　SmartNews 與競爭者 A 的顧客金字塔

以及整個認知層（上面四層）的偏好（下次使用意願）。這次進公司前的調查，採用了品牌偏好以掌握整體狀況，但並未分解成九格區間圖。

就算非相關領域也能輕鬆應用

光憑這些分析，就能知道 SmartNews 相對競爭者 A 的認知度雖然比較低，從認知到使用的轉換（從認知到有使用經驗）、使用者的持續性（從有使用經驗到每月使用或每日使用）較高，流失率也較低，下次使用意願的比例（偏好、認知）也比較高，我們可以由此確認 SmartNews 的產品本身有高度魅力，體驗也很出色，因此能夠留住用戶。從顧客金字塔來看，也可發現忠實顧客的規模並不差，因此行銷課題在於先把品牌認知提升到和競爭者 A 相同的水準，並強化把認知轉換為使用經驗，品牌偏好則專注於維持最低限度。

我們也對其他競爭者 B、C 進行分析比較，結果發現大多數的新聞 APP 本來就是由未認知層，以及雖有認知但沒有任何品牌使用經驗的階層所組成，此商品類別本身還有非常大的發展潛力。新聞ＡＰＰ領域自從誕生後過了將近五年，有人說這是已經過時的類別，但以創新擴散理論而言，實際上顯然是尚未開拓完大眾層的狀態。

如前述所言，進行以上分析的時間在我參與規畫SmartNews之前，這裡我想傳達的觀念是，**即使是與自己並無直接相關的品牌或事業，也可以做這些顧客分析和潛力分析，只要能以實際的顧客調查數據分析，進行商業判斷**（此情況是我是否要參與規畫SmartNews），**而非依靠單純的印象或主觀認知，就能輕鬆提高準確度**。我想讀者應該能理解顧客金字塔也能應用於制定策畫新業務或新類別的原因了。

然後，像這樣經過確認SmartNews和整個市場的商機之後，我在二〇一七年四月參與規畫SmartNews，進行了詳細的行為數據分析和心理數據分析，藉以縮限Ｎ１分析的對象範圍並建立假設，目標是發想出獲得新顧客的「創意」。

11 不再憑感覺做分析比較

品牌內的各區間比較

四月時我進入公司，為了補足進入公司前的調查結果，重新以 SmartNews 的目標市場，二十到六十歲的男女為對象，實施以下三個項目的網路調查，制定顧客金字塔和九格區間圖，進行每個顧客區間的行為數據和心理數據的特徵分析，以及競爭比較（樣本人數為一千兩百人）。目的是找出 N1 分析對象的顧客樣態和假設。

1. 基本的人口統計資訊，例如年齡、性別、職業、居住地區、年收入等
2. 需要網路上的什麼資訊、透過什麼樣的媒體取得資訊
3. 有關新聞APP的效益、特徵、形象屬性

首先來看人口統計的資料，SmartNews的忠實層（每天使用者）、一般層（每月使用者，不包含每天使用者）為五十歲以上的男性居多，男女比為七比三。同時，有認知但未使用層和未認知層，則是女性和年輕層偏多，另一方面，競爭者A的現在顧客多為年輕女性。

接著我們比較SmartNews的忠實顧客層和有認知但未使用顧客層，可以發現忠實顧客對於「每天都能用」、「取代報紙」、「有各種類別的資訊」、「提供自己不知道的資訊」、「資訊量多」、「有許多有趣的資訊」、「切身的」、「容易操作」這些形象屬性有特別高的評價，次高評價的屬性則是「很多娛樂資訊」、「服務範圍外也能看見」、「收訊範圍外也可以看」、「用戶多」、「具備功能性」、「操作迅速」、「友善」、「資訊可信賴」、「年長者也能享用」（圖4-3）。

忠實顧客有高評價的屬性中，隱藏著開始使用這個商品，或是繼續使用的忠誠化原因。

	每天都能用	取代報紙	有各種類別的資訊	提供自己不知道的資訊	資訊量多	可以迅速得知最新資訊	年輕人取向的	有趣的資訊很多	切身的	容易操作	很多娛樂資訊	收訊範圍外也可以看	用戶多	具備功能性	能用在商場上	操作迅速	友善	資訊可信賴	可以獲得專業領域的資訊	認真	年長者也能享用	不浪費	資訊經過嚴格挑選	時尚	創新	有聰明的訊息	全球性	很酷	沒有約會類	歡欣雀躍	沒有騙人的資訊
SmartNews 的忠實顧客	◎	◎	◎	◎	◎			◎	◎	◎	○	○	○	○		○	○	○			○										
同上，有認知但未使用顧客																															

註：相對於有認知但未使用顧客，忠實顧客特別高的屬性形象標記為「◎」，次高的屬性形象則標記為「○」。

圖 4-3　SmartNews 品牌內的區間比較

此外，不管哪一層都沒有獲得好評的「可以迅速得知最新資訊」、「年輕人取向的」、「能用在商場上」、「可以獲得專業領域的資訊」、「認真」等屬性，在此時刻可以視為重要度低的屬性。

對忠實層和一般層，還有流失層都進行這樣的比較分析，並確認各自的差異，同時逐步建立假設，實際上，從這些品牌內的區間比較，可以看出始終存在很大差異的屬性是「每天都能用」、「取代報紙」、「提供自己不知道的資訊」、「資訊量多」、「容易操作」。換句話說，我們可以看出只要找出有關這五個屬性的獨特性與效益的組合——「創意」，或是能夠實踐強化產品的新「創意」，應該就可以大幅促進新的顧客化。

	每天都能用	取代報紙	有各種類別的資訊	提供自己不知道的資訊	資訊量多	可以迅速得知最新資訊	年輕人取向的	有趣的資訊很多	切身的	容易操作	很多娛樂資訊	收訊範圍外也可以看	用戶多	具備功能性	能用在商場上	操作迅速	友善	資訊可信賴	可以獲得專業領域的資訊	認真	年長者也能享用	不浪費	資訊經過嚴格挑選	時尚	創新	有聰明的訊息	全球性	很酷	沒有約會類	歡欣雀躍	沒有騙人的資訊
SmartNews 的忠實顧客		◎		◎	◎					◎		○				○															
競爭者 A 的忠實顧客							◎	◎			◎		○						○					○							

註：各自特別高的屬性形象標記為「◎」，次高的屬性形象則標記為「○」。

圖 4-4　SmartNews 與競爭者 A 的忠實顧客比較

與各區間的競爭品牌做比較

進一步我們以認知做區別，與競爭者A比較各自的忠實顧客（圖4-4）。SmartNews的忠實顧客對於「取代報紙」、「提供自己不知道的資訊」、「資訊量多」、「容易操作」給予高評價，其次的好評則是「收訊範圍外也可以看」和「操作迅速」。另一方面，競爭者A的忠實顧客則對「年輕人取向的」、「有趣的資訊很多」、「很多娛樂資訊」給予高評價，對「用戶多」、「可以獲得專業領域的資訊」、「時尚」也有好評。如前述觀察各家現在的顧客，發現SmartNews的使用者七〇%是男性年長者；競爭者A則多由年輕女性組成。換句話說，各家品牌提供的「產品創意」不同，各具獨

	每天都能用	取代報紙	有各種類別的資訊	提供自己不知道的資訊	資訊量多	可以迅速得知最新資訊	年輕人取向的	有趣的資訊很多	切身的	容易操作	很多娛樂資訊	收訊範圍外也可以看	用戶多	具備功能性	能用在商場上	操作迅速	友善	資訊可信賴	可以獲得專業領域的資訊	認真	年長者也能享用	不浪費	資訊經過嚴格挑選	時尚	創新	有聰明的訊息	全球性	很酷	沒有約會類	歡欣雀躍	沒有騙人的資訊
SmartNews 的有認知但未使用顧客		◎								◎		○								○	○	○									
競爭者 A 的有認知但未使用顧客							◎	◎			○																				

註：各自特別高的屬性形象標記為「◎」，次高的屬性形象則標記為「○」。

圖 4-5　SmartNews 與競爭者 A 的有認知但未使用顧客比較

特性，分棲共存。

接著我們對有認知但未使用的這類顧客進行比較（圖 4-5）。對 SmartNews 有認知但未使用的人，在「取代報紙」、「容易操作」這兩項屬性感到印象深刻，接著列出的項目則是「收訊範圍外也可以看」、「認真」、「年長者也能享用」、「不浪費」。另一方面，對競爭者 A 有認知但未使用的人，則是對「年輕人取向的」、「有趣的資訊很多」印象深刻，接著也列出的項目是「很多娛樂資訊」。

這裡的發現是，在忠實顧客之間比較時，得到高評價的「提供自己不知道的資訊」、「資訊量多」、「操作迅速」，在有認知但未使用者的比較時，卻未得到好評，也就是說，這三個要素對競爭者A而言，很有可能是SmartNews的獨特性。光靠這個階段的比較，還無法分析到使用的原因與繼續使用的原因，但可以成立一項假設——若能用N1分析擷取這些形象屬性形成的契機或原因，並發想出與獨特性相關的效益（即「創意」），以有認知但未使用者為中心，讓許多非顧客成為顧客，也可進一步導向忠誠化。

另一方面，競爭者A的忠實顧客給予高評價的「年輕人取向的」、「有趣的資訊很多」、「很多娛樂資訊」則是具有獨特性的形象屬性，儘管也同樣傳達給有認知但未使用顧客，他們卻並未成為顧客。也就是說，競爭者A尚未充分提供這三個有獨特性的屬性，給予有認知但未使用顧客當作明確的效益使用，因此SmartNews看見了這個進攻的機會。

實際上，過去SmartNews與競爭者A的競爭過程中，曾多次強化年輕人取向的「娛樂資訊」，但並未獲得良好的結果。競爭者A的弱點是未充分把優勢當作效益傳達給使用者，而SmartNews本來就沒有這些形象屬性，因此不具備優勢，突然提供「娛樂資訊」當然不會有效果。透過這些行為數據和心理數據的分析，SmartNews判斷應該把焦點放在強項的「提供自己不知道的資訊」、「資訊量多」和「操作迅速」，不在競爭者A的強項領域競爭，方為上策。

	用其他的 SNS 也可以追蹤最新資訊	新聞的出處很可疑	APP 占手機容量太多	使用方法難懂	廣告量太多難以觀看	和 SNS 沒有連動	資訊有偏見	資訊量過多很難找	娛樂資訊太少	刊載的資訊太少	收訊範圍外無法觀看	商務取向的資訊太少	其他原因
SmartNews 的流失顧客	◎	○	○	○									
競爭者 A 的流失顧客	◎	◎	◎		◎		◎	◎				○	○

註：各自特別高的原因標記為「◎」，次高的原因則標記為「○」。

圖 4-6　SmartNews 與競爭者 A 的流失原因比較

另外，分析比較各自的流失顧客原因，可以發現兩個品牌都被非新聞 APP 的 SNS 替代，而流失顧客（圖 4-6）。同時可以看見競爭者 A 有幾項獨特的原因是「廣告量太多難以觀看」、「資訊有偏見」、「資訊量過多很難找」。也就是說，我們可以得到一個啟示，對 SmartNews 而言，「資訊量多」很重要，但不可以像競爭者 A 一樣，陷入「資訊量過多很難找」的情況。

行為數據配上心理數據，競爭分析更具體

像這樣透過加入行為數據，對每個區間、競爭者比較分析各種心理（認知）屬性後，我們得到了以下的假設。

- SmartNews對於有品牌認知但未使用的顧客，以及未認知顧客，只要能用「提供自己不知道的資訊」、「資訊量多」和「操作迅速」為核心，發想出有魅力的「創意」，極有可能一口氣顧客化許多這客層的人。
- 以上三個要素也是對抗競爭者A的優勢，但追求「提供自己不知道的資訊」、「資訊量多」時，要注意不可像競爭者A一樣淪於「資訊量過多很難找」。
- 實際的產品不僅要重視ＵＸ（User Experience，使用者體驗），在使用前的時間，若能與三個要素同時傳達ＵＩ（User Interface，使用者介面）的「操作性」（操作的容易度與速度），可以期待出現加乘作用。
- 從各個區間的百分比計算未來的顧客化潛力數值時，有認知但未使用顧客（一七％）

是現在顧客（九．二％，忠實層四．九％加上一般層四．三％）的一．八五倍（一七％除九．二％），還有未認知層（七一％）則是現在顧客的七．七二倍（七一％除九．二％），數值龐大。

- 中長期的問題，則是需要發想出對抗SNS類代替新聞APP類產品的策略——「創意」。

另一方面，公司內部有許多聲音表示，為了將來的成長，是否需要像蘋果或以前的索尼（Sony）一樣做品牌管理，答案不言而喻。為了量化驗證，公司雖然也進行了像是「創新」、「很酷」、「全球的」之類的品牌形象，但顯然這些並非推動顧客化或忠誠化的重要屬性。從此以後，我們不再討論憑感覺的品牌管理，而是繼續推展前述的，以「產品創意」假設為中心的單一顧客分析。

12 有明確目標，再聆聽分析與測試

N1分析和量化分析同步進行

N1分析也會和目前為止的量化分析同時進行。SmartNews的目標市場是所有男女老幼，範圍非常廣，因此不徵求分析對象，而是在用餐等場合，有機會和我的家人、朋友、朋友的朋友聊天時，詢問有關SmartNews的意見。這麼做的特殊目的是，以「提供自己不知道的資訊」、「資訊量多」及「操作性」為核心，發想出能讓有認知但未使用的客層，還有未認知的客層願意使用的「創意」（獨特性與效益）。雖然好像很煩人，但重要的是有如此明確的目標後，再進行聆聽與分析。

N1分析很簡單。和量化調查一樣，聽取顧客對SmartNews和競爭者A的認知、使用經驗、使用頻率後，確認他屬於哪一個顧客區間，然後聆聽過去他對品牌的認知或第一次使用的契機和原因，了解他的顧客體驗旅程。

我讓他們實際使用APP，並同時詢問他們如何得知SmartNews和競爭者A，有什麼感覺、評價如何等。因為對忠實顧客、流失顧客、有認知但未使用顧客應該問的都各自不同，所以重要的是一定要先確認對方在顧客金字塔的所屬位置後再詢問。

此外，為了進一步縮小需要以N1分析深入探討的點，我也用四月時追加調查的數據為基礎，進行SmartNews和競爭者A的重疊度分析。這個分析在第二章介紹過，它能視覺化一方的區間顧客，應該屬於他方的哪個區間（圖4-7）。

使用此架構將一千兩百人的調查整理成矩陣後，結果可知SmartNews的忠實顧客（DAU）的五十九人中，九人是競爭者A的忠實顧客、四人是一般、九人是流失、二十一人是有認知但未使用、十六人是未認知（粗線框起處）。相反的競爭者A的忠實顧客四十人中，各有九人、四人、零人、十四人、十三人屬於SmartNews的忠實、一般、流失、

N=1,200		競爭者 A					
		合計	忠實 DAU	一般 MAU	流失	有認知但未使用	未認知
SmartNews	合計	1,200	40	35	52	303	770
	忠實 DAU	59	9	4	9	21	16
	一般 MAU	52	4	9	3	20	16
	流失	34	0	0	15	14	5
	有認知但未使用	204	14	3	14	139	34
	未認知	851	13	19	11	109	699

圖 4-7　SmartNews 與競爭者 A 的重疊度分析

有認知但未使用、未認知。雖然以統計學的分析而言，N數不足，但這對於粗略掌握雙方的重疊使用者很有效。

從這裡開始，可以從各方面進行N1分析。首先，因為SmartNews的忠實顧客有九人是競爭者A的流失顧客，這可以解讀為SmartNews從競爭者A搶了九人過來忠實顧客化。另一方面，競爭者A的忠實顧客及一般顧客中，沒有人是SmartNews的流失顧客，因此能夠確認SmartNews的忠實和一般顧客都沒被競爭者A搶走。

這九人從競爭者A轉向SmartNews，為什麼會成為SmartNews的忠實顧客，若能對此仔細進行N1分析，並了解他們的顧客體驗旅程，就可找出從競爭者A搶來顧客的具體原因。以此為靈感，我們可以發想出未來進一步從競爭者A搶來顧客的「創意」，也能連結至有效的媒體手法和行銷選擇。

而且，還出現了以下幾個 N1 分析的機會：如果能先從重疊度分析的矩陣看出這些觀點，實際詢問顧客或朋友等周圍的人時，就可以讓問題更具體一點，例如「為什麼你知道競爭者A卻沒有用過？」讓打聽的內容更深入。

- 儘管 SmartNews 的忠實顧客有二十一人知道競爭者 A，卻沒有使用經驗。為什麼？
- SmartNews 的有認知但未使用，同為競爭者 A 的忠實顧客有十四人，他們透過哪些「5W1H」策略成為現在的狀態？
- 儘管競爭者 A 的整體認知度比 SmartNews 還高，SmartNews 忠實顧客中有十六人，以及一般顧客中有十六人都不知道競爭者 A。為什麼會造成這種狀況？
- 淺灰色區域（表上的五個欄位），代表雖然曾有使用任一品牌的經驗，但現在均未使用兩個品牌。為什麼不使用了？
- 中度灰色的區域（表上的三個欄位），則代表雖然對任一品牌有品牌認知，但兩個品牌都沒有使用經驗。這兩個品牌的不足之處是什麼？除了這兩個品牌，還有沒有其他的競爭品牌？

- 深灰色區域是不知道兩個品牌，人數最多的一層，占了一半以上的目標顧客。這一層沒有認知的理由是什麼？若能消除這些原因，首先讓顧客知道有效「創意」的存在，不就能拉攏第二章所介紹的，創新擴散理論中的大眾層了？或者，這是開發與現在的新聞APP不同產品的機會？

持這樣的觀點聆聽每個人的意見，結束男女老幼三十人以上的N1分析時，形成了超過三十個獨特性和效益的組合，即「創意」候選名單。當然，這些創意絕對不是輕易地連續不斷創造出來，每一個「創意」都在N1分析當中，深入考慮獨特性和效益才形成。於是整體如下列所示：

- 忠實顧客對產品使用是否順手（UI）和充實的內容給予好評，使用頻率也高。這些人許多是自從SmartNews誕生時期就開始使用的中高齡男性用戶，他們對於包含競爭者A的後起競爭APP使用經驗少。反過來說，他們雖然從第一個新聞APP誕生的時候就持續使用 SmartNews，但並未和競爭 APP 進行比較，因此不算穩定，仍存在被搶走的風險。

- 影響使用頻率（忠實和一般）與偏好（有無下次的使用意願）的，不僅只是想看新聞類資訊的意願，還有是否登錄合乎自己興趣或嗜好的特定頻道。例如喜歡車子的朋友，知道有車子相關的特定頻道存在，自行登錄後使用頻率也很高；另一方面，一開始就不知道 APP 存在各種類別或合乎自己興趣的頻道，未客製化頻道的使用者，他們的使用頻率或偏好較低。
- 既是 SmartNews 的顧客，也是競爭者 A 忠實顧客的顧客，並非對於 SmartNews 的使用是否順手（UI）或一般的新聞和資訊不滿意，而是競爭者A的娛樂類或八卦類的內容，符合他們特定的興趣嗜好，享受內容之餘順便看一般的新聞，不覺得只用 SmartNews 有什麼意義。
- 請不知道 SmartNews，未認知的朋友拿智慧型手機在眼前安裝後，實際使用的同時教他用法，能夠獲得好評。特別是如果發現有符合自己興趣的頻道，一定會獲得好評並繼續使用。可是，如果找不到符合興趣的頻道，反應就很淡薄。此外，正在使用競爭者A或其他競爭品牌的朋友，即使看了SmartNews的頻道，也認為大部分都和競爭者類似，頻道本身的內容正在持續被商品大眾化。

換句話說，在推出時出色的UI和充實的新聞內容雖然是SmartNews「產品創意」的獨特性和效益，但因為競爭者的出現，大多已經被商品大眾化了。競爭者A陸續提出了新的提案，而SmartNews雖然追加了新頻道，但認知很低，也不太算是獨特的頻道，因此無法增加新顧客。我明白要從這裡成長，重新定義以獨特性為中心的「產品創意」是當務之急。

把創意轉換為概念的定量調查

那麼，透過目前為止的過程，我們已經創造三十個以上的「創意」候選名單，但大部分似乎只能影響部分目標市場，乍見下是利基的想法。我感到很不安，真的要賭在這上頭嗎？不過同時這也是單一顧客分析法的有趣之處。

不僅對公司內部，為了對投資者證明行銷投資的合理性，我把這些創意縮小成十九種，轉換為概念文章，在五月實行定量調查。以下是當中的部分：

- **「早晨第一條新聞」**：在上班之前，想先得知早上最重要的新聞。用 SmartNews，一分鐘內就能一口氣看完最新的新聞。
- **「英語新聞頻道」**：平常很難獲得最新的國外新聞，用 SmartNews，直接給你最新的原文國外新聞。最新的國外新聞就在 SmartNews。用 APP 也可以學英文。
- **「動物頻道」**：SmartNews 蒐集了全世界療癒的動物新聞。貓頻道、狗頻道、滿滿不禁令人發笑的圖片和影片。動物資訊就在 SmartNews。
- **「科技頻道」**：我們從矽谷資訊蒐集了世界一流的科技資訊網站。用 SmartNews，花一分鐘就能一口氣檢視每天世界最新的科技資訊。
- **「育兒頻道」**：SmartNews 彙整了國內外的育兒資訊獻給努力的爸爸媽媽。不管在哪裡，都能從智慧型手機確認每天最多人閱覽的報導或資訊。
- **「優惠券頻道」** 優惠券頻道在 SmartNews 登場了。每天皆可取得附近餐廳、速食連

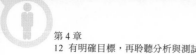

註：依照評價的高低順序排序概念 A～S。

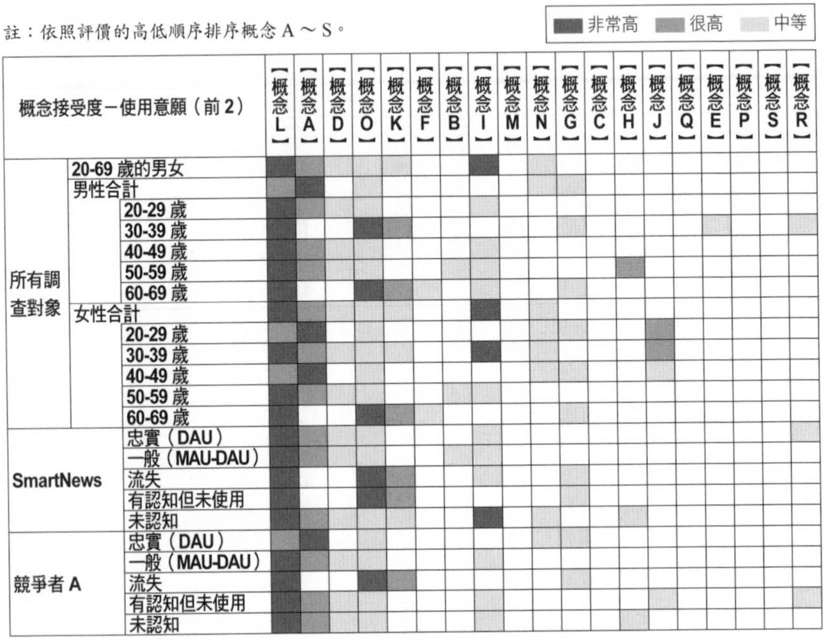

圖 4-8　按性別年齡分類的概念測試

鎖店的划算優惠券。請務必到附近的餐廳享用划算的美食。

對這些概念，以五個階段評估「有無興趣」、「是否想下載」，把全部調查對象依性別年齡分類，再各自按照SmartNews的五格區間圖、競爭者A的五格區間圖拆解後進行分析（圖4-8）。

無論哪一方的分析，「有興趣」、「想下載、想使用」的評價都集中在幾個概念上。其中的「英語新聞頻道」，雖然並非壓倒性名列前茅，卻有令人矚目的高評價，其實這個概念，是對我的妻子進行N1訪談後提出的方案。偶爾為了女兒學習英語，妻子長期使用 SmartNews 的英文版，給予這項功能方便的好評。

二〇一四年開始 SmartNews 也在美國推出，透過提供當地許多出版商的內容進行營運。在此之前，也可以設定畫面從日文版切換為英文版閱覽，但這個功能幾乎沒人知道。進行 N 1 訪談的三十人當中，知道這個功能並給好評的只有妻子一人，但我覺得這是競爭者無法模仿的獨特性，從早期開始就決定列入「創意」的候選名單。

實際上，我在之後的 N 1 訪談展示英文版時，也聽見了很佩服這個獨特性的意見，肯定這個能夠輕鬆閱讀美國當地新聞的功能。我發現了這將是一項新的需求：「雖然不想特地花錢學英文，但是免費檢視一般的新聞，順便也可以看一看當作學習」。

在概念測試中獲得高評價，並與公司內的內容負責人商量後，整個部門獲得了美國主要出版商的許可，成功引進在 SmartNews 日文版直接顯示美國當地新聞的「世界新聞頻道」。「把全世界的優質資訊送到需要的人手上」，SmartNews 實現了這項任務，獲得了積極的支持。

此外，在開設該頻道之前，為了應用於未來的比較分析，我們重新做了一次網路調查（樣本數為一千兩百人），制定出SmartNews和競爭者A的顧客金字塔與九格區間圖。把調查對象一千兩百人中各區間的百分比，和制定顧客金字塔時一樣，乘以目標二十到六十九歲男女的人口估計數，算出概算（圖4-9）。

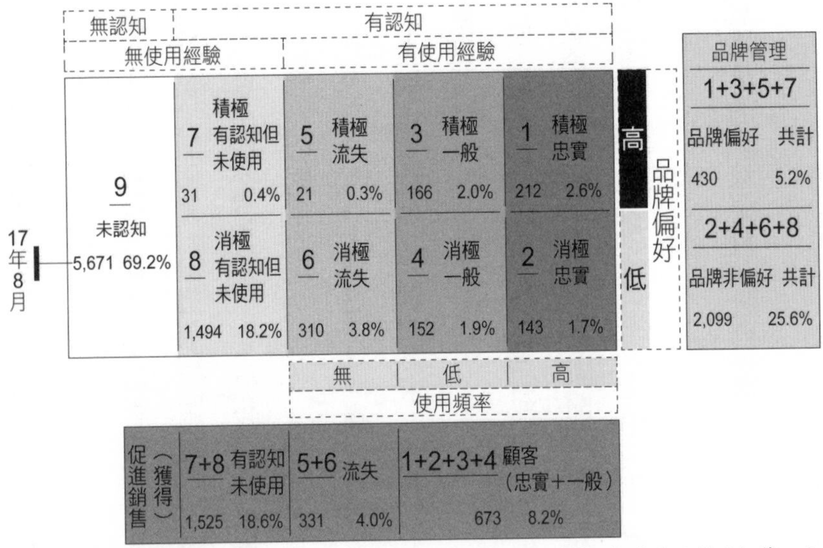

註：框內左列數字是以20到69歲男女的人口估計值8,200（萬人）當作母數的概算；右列數字是相對母數的比例。

圖4-9　SmartNews的九格區間圖

13 利用PDCA，讓投放廣告效益最大化

驗證電視廣告的效果與縮限範圍

這裡我將開始解說，該以怎樣的對策推出一個確認擴大可能性的新頻道。直截了當來說，推出「世界新聞頻道」的時候，其他的多個概念（產品創意）也一起製作了多個電視廣告，在小區域內播放，確認各個CPI（Cost Per Install，單次安裝成本）之後，再決定集中投放該頻道的廣告，也包含了數位廣告。

首先，容我說明為什麼選擇電視廣告，以先前調查得到高評價的前幾名概念接受度為基

礎，估算各個顧客區間可以期待增加多少顧客數，為此定量化各區間需要的認知觸及範圍（概念應傳遞的人數），在此時確認了有望獲得大量的新顧客。因此，我們判斷與其應用數位的目標行銷，不如一口氣投資在電視廣告，比較可能在短期內有廣大的觸及範圍，更為有利，而數位廣告則當作補足的措施。

與「世界新聞頻道」的開設準備同時進行，開發可以同時達成提升品牌認知和促進轉換（從認知到下載，然後繼續使用）的電視廣告。因為這是第一次正式的投資，我們以反應不錯的多個創意概念為基礎，製作了低成本的七種電視廣告，和廣告代理商團隊成員們一起，每天用數位形式進行小額投資，並計量投資效率（CPI），建立了投資集中於優良廣告的計畫。也就是說，以電視廣告完成PDCA循環。

此外，用這個電視廣告傳達新頻道「創意」的同時，我也留心要徹底傳達從行為數據和心理數據分析所看見的「提供自己不知道的資訊」、「資訊量多」，以及UI的「操作性」（操作的容易度和速度）。

衡量效果指標則加上APP的下載數，也使用了Google搜尋趨勢（Google Trends）。

在我的經驗中，以電視廣告為開端擴大的品牌，在廣告播放後，品牌的搜尋數一定會立刻上升。這次先確認了廣告播放後五分鐘以內的搜尋數上升率，次日再參照下載增加數驗證效果。

就這樣從二〇一七年九月起，七種電視廣告在市場上進行少量發布，比較效果的結果是，「世界新聞」引起最大的反應。於是十月以後我們集中投資，達成了短期內形成品牌認知和促進下載、增加新用戶數的目標，同時這也促成降低流失率和增加回歸率（回收報酬），令人非常開心的結果。用九格區間圖比較概念測試的結果時，從一般層和流失層對「世界新聞」的好感反應，也能預期這個結果。

實際上，雖然由於「世界新聞」這個起因而下載，或許因為英文還是很難，也有人不久後就不再閱讀「世界新聞」了。可是，當中很多人仍然登錄了適合自己的其他頻道，繼續使用 SmartNews。也就是說，如同過去的行為數據和心理數據分析所看見的，以促進下載目的的「創意」而言，本來的產品ＵＩ和基本的內容充實度，雖然已經商品大眾化，但實際使用後，仍提供了滿意度很高的效益。這時所需要的，就是組合了獨特性和效益的新「產品創意」，藉此引起顧客的首次使用。

以這樣的流程，我們發想出「世界新聞」這個競爭對手無法模仿的「產品創意」，實現了使停滯不前的品牌，重回成長軌道的目標。以顧客金字塔和九格區間圖為起點，證明了從

N1分析抓住「創意」，若能量化評估這個潛力，也能在數位商務上引發事業的大躍進，獲得強大的效果。

「優惠券頻道」的創意成為壓倒性第一的關鍵

連結至這個「世界新聞」成功的概念測試，其實獲得壓倒性第一下載意願的項目是「優惠券頻道」。可是這個項目預估會比「世界新聞」需要更大量的開發時間和資源，請求企業夥伴的合作也很花時間，因此我們判斷九月來不及趕上。

於是，我們認為等有一定結果後再做，以「世界新聞」的成功重新啟動，十二月起一口氣進行開發。在開發團隊的努力下，利用區間比較和重疊度分析發現了SmartNews優勢的三點——「資訊量多」、「提供自己不知道的資訊」和「操作性高」，同時兼顧競爭者A的流失者告訴我們的「資訊量不要過多」，完成了出色的產品。

然後，讓我們回到以九格區間圖為基礎的N1分析，介紹這個「優惠券頻道」發展至開發的流程。進行三十人以上的 N1 訪談時，我們詢問了大家在什麼場合以怎樣的頻率使用哪些 APP，不管是不是用新聞 APP。我從第一個朋友和家人的智慧型手機螢幕開始看，甚至看螢幕的每一分頁，藉此了解這個人每天二十四小時的生活中，智慧型手機以何種方式參與其中。

我們在這當中看見的真實情況是，有扶養家人的男女，以及有孩子的家庭主婦，安裝了許多使用優惠券的 APP。除了麥當勞、吉野家、Gusto（日本全國連鎖的家庭餐廳）之類的品牌 APP，他們也安裝了 Hot Pepper 等多個優惠券 APP 分開使用，也有很多人在錢包裡放了很多張紙本優惠券。競爭者A偶爾也會發行優惠券，但也聽說他們「很難知道什麼時候會出現，想要但是很難用」。

此外，也有人說「雖然想用優惠券，但是不知道哪家店什麼時候會發行哪種優惠券，如果沒注意到會覺得很虧」。既然如此，「把最新的優惠券用 SmartNews 簡單彙整後做成頻道，看新聞的時候順便可以選擇今天的午餐菜單或想去的店，提供了很大的方便性」，反過來形成了「若以優惠券為目的推出 SmartNews，順便也可以看重要的新聞」的「創意」。於是誕生的「產品創意」就是「每天發送麥當勞或 Gusto 等大型餐飲連鎖店的折扣優惠券的優惠頻道」。

之後在N1訪談時，提到這個創意得到非常多的好評，在後續的概念評估時，也確認可以得到最高評價。也可以發現顧客數多會來自有認知但未使用層和未認知層，而且來自女性和年輕層的反應也很高。當然，這也導致我們判斷，應該再次應用觸及範圍廣的電視廣告進行投放。

線上線下行銷具有加乘作用

和「世界新聞」不同，這次的「產品創意」候選名單只有優惠券一個。我們決定事先測試什麼樣的「傳播創意」才能讓效果最大化，之後再投資。關於這個電視和網路廣告企畫，我們請千鳥演出製作了六種廣告，和「世界新聞」一樣，實際少量投放在市場測試，驗證投資效果（CPI），結果決定投資在訴求最簡單「產品創意」，命名為「稱呼篇」的廣告上（圖4-10）。

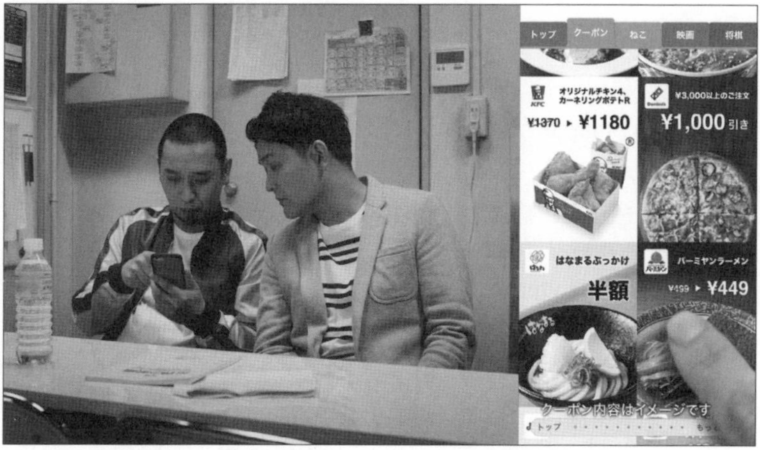

「SmartNews」

「我最近得知這個優惠券頻道。」

「啊！是優惠券啊。」

「像這樣每家店排成一排。」

「好多喔。」

「對啊對啊，很方便我每天都會點進來，你這小子呢？」

「你這小子？」

「SmartNews　現在立刻下載」

圖 4-10　起用千鳥演出的「稱呼篇」電視廣告

「SmartNews」

「肚子好餓啊！」

「從這個 Smarnew 的 coupen 裡面選吧。」

「什麼 coupen 啊，是 coupon 吧。」

「你看，這裡有一整排的 coupen，從這些 coupen 裡面選你喜歡的……」

「就說了不是 coupen。」

「喔喔？」

「SmartNews　現在立刻下載」

圖 4-11　起用千鳥演出的「coupen 篇」電視廣告

六種廣告中，「coupen篇」是我個人很喜歡的電視廣告。把「coupon」念錯成「coupen」別出心裁相當有趣（獨特性），雖然測試時，SNS的反應也是這個廣告比較大，但對於下載的影響則不及「稱呼篇」。（圖4-11）。雖然以「傳播創意」的獨特性而言，「coupen」製造出比較大的反應，但以效益而言，電視廣告的有趣程度太強，就很難連結至產品。電視廣告蔚為話題卻難以連結至商業上，回頭來看指的正是這種模式。

經過驗證的程序，我們發布了「稱呼篇」這個具備壓倒性優勢的「傳播創意」，並讓數位行銷和公關一起連動。這是屬於相信「產品創意」的強大，敢於規畫簡單傳播的團隊勝利。利用電視廣告提升對品牌的認知後，數位行銷的投資效率也進步了五〇%以上。**品牌的偏好提高後，效率也提升了，明確展現電視廣告（線下）與數位（線上）行銷的加乘作用**。因為這種加乘作用讓下載數和新顧客激增，結果也增加了對SmartNews本身的廣告收入，用這份收益再次投資於行銷，進一步回到增加新顧客的循環中。而且，自二〇一二年SmartNews誕生以來，這是第一次在iPhone（iOS）和Android兩者的APP排名都獲得第一名。

在「世界新聞」時也確認過，以優惠券為目的下載的顧客，他們也很喜歡優惠券以外的新聞或頻道，也因此，他們會堅決地繼續使用。之後我仍觀察各顧客區間的動向並繼續N1分析，規畫從優惠券的合作客戶獲得特殊優惠券的同時，也致力於獲得創新擴散理論的大眾層。

直到原本三〇%的認知度超過五〇%為止，以電視廣告和網路媒體為核心應用，能夠獲得大量的下載數，但當認知在五〇%上下，獲得新顧客就開始成長放緩（CPI的上升）。因此，透過N1分析第二章介紹過的，顧客金字塔的第四層「有認知但沒下載」的顧客，發現他們對「新聞APP」這個類別本身的使用很保守，而且，他們也是住在對電視廣告接受度較低的地方或都市郊外的人。為了推助這些人使用，我們追加了夾報廣告和報紙廣告，藉以再擴大新顧客層。

只花十三個月，成為日本第一

讓我們來回顧二〇一七年八月至二〇一八年八月這十三個月的進展，這段時間包括自二〇一七年九月起，投資於「世界新聞頻道」，期間還穿插自二〇一八年三月起，對「優惠券頻道」的投資。

首先可發現，現在顧客層的屬性有很大的變化。從原本以中高齡男性為中心的狀態，出現二十至四十九歲女性層及年輕層增加的現象；男女比從七比三變成幾乎勢均力敵，接近人口的分布比率。客觀來看，可以說作為新聞媒體，讀者的組成很均衡。以前不太有女性取向的商品或服務的品牌廣告，現在增加了發布量，也因為實際的廣告效果得到證實而持續發展，為SmartNews的整體收益提供重大貢獻。

從品牌認知和品牌偏好（下次使用意願）來看，假設二〇一七年八月的SmartNews是

	8 月	9 月	10 月	11 月	12 月	2018 年 1 月	2 月	3 月	4 月	5 月	6 月	7 月	8 月
SmartNews	100%	129%	136%	147%	135%	144%	139%	145%	155%	162%	170%	172%	166%
競爭者 A	140%	150%	157%	162%	154%	169%	158%	163%	171%	168%	168%	174%	164%

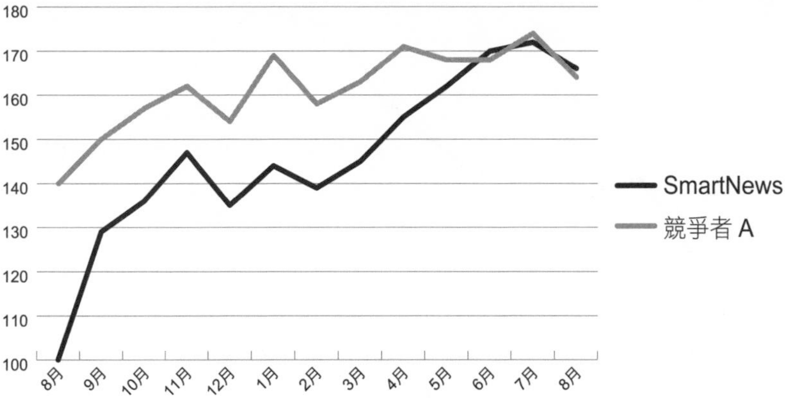

註：假設 SmartNews 的 2017 年 8 月的認知率為 100。

圖 4-12　品牌認知的比較

一〇〇%，雖然每月有所增減，但品牌認知已成長到一六六%，追過了同時期競爭者A的一六四%（圖4-12）。

另外SmartNews的品牌偏好在複選回答（MA）的項目，也提高到和認知成長率同等的一六四%，同時期的競爭者A則為一二五%（圖4-13）。再看品牌偏好的單一回答（SA），SmartNews的已經成長至和複選回答幾乎同比率的一六五%，而競爭者A在此同時期儘管實行了各種對策，也只有六七%（圖4-14）。

若把這些用五格區間圖的變化來看，SmartNews現在的顧客數（忠實層和一般層的合計）成長八七%，忠實層（DAU）

	8月	9月	10月	11月	12月	2018年1月	2月	3月	4月	5月	6月	7月	8月
SmartNews	100%	119%	133%	130%	115%	133%	135%	143%	151%	166%	170%	170%	164%
競爭者 A	120%	107%	109%	117%	103%	113%	110%	106%	137%	126%	128%	126%	125%

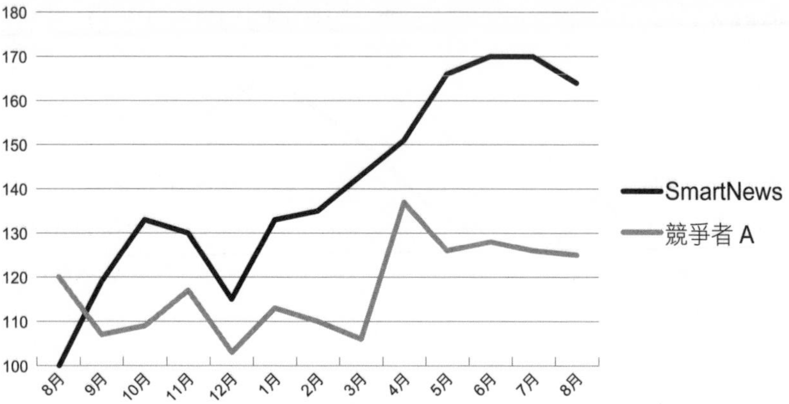

註：假設 SmartNews 的 2017 年 8 月的認知率為 100。

圖 4-13　品牌偏好的比較（MA）

	8月	9月	10月	11月	12月	2018年1月	2月	3月	4月	5月	6月	7月	8月
SmartNews	100%	128%	147%	131%	127%	151%	138%	175%	152%	185%	159%	153%	165%
競爭者 A	77%	63%	67%	61%	56%	62%	73%	69%	75%	60%	40%	54%	67%

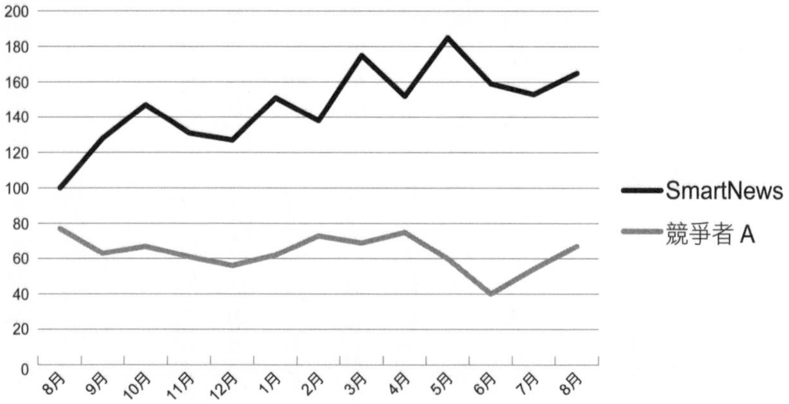

註：假設 SmartNews 的 2017 年 8 月的認知率為 100。

圖 4-14　品牌偏好的比較（SA）

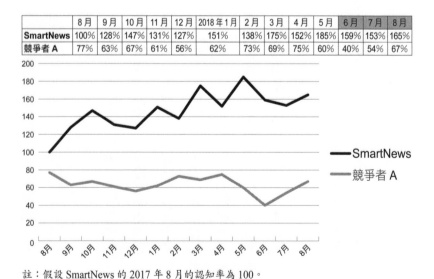

五九％、一般層（MAU）一一八％，而流失層則為五四％；可以判斷這是流失率（從忠實或一般流失）減少或回歸率（從流失回歸到忠實或一般）有所提升。除了未認知層，整體品牌偏好原本就比競爭者A要高得多，經過十三個月後，出現些微減少。根據現在顧客幾乎翻倍的現象來看，雖說是全力以赴，也出現了風險。另一方面，同時期競爭者A的狀況是，現在的顧客數（忠實層和一般層的合計）維持在一％，忠實層負七％，用一般層成長的一〇％來彌補。但流失層也增加了二七％（圖4-15）。

以九格區間圖來看，SmartNews在促進銷售軸（橫軸的獲得數）的現在顧客數（積極忠實、消極忠實、積極一般、消極一般的合計）成長八七％，在品牌管理（縱軸的獲得數）的品牌偏好者是七一％、非偏好者是八三％（主要是來自未認知區間的轉移）。SmartNews的現在顧客數激增，品牌偏好者的人數也增加，這雖然非常令人開心，但消極忠實層、消極一般層的人數也增加了，因此今後的行銷課題就是提升這兩層的品牌偏好，並持續獲得新顧客。

下文也刊載了這個時期的SmartNews和競爭者A的九格區間圖變化與比較，請各位讀者務必嘗試分析（圖4-16、4-17、4-18）。

SmartNews	2017 年 8 月	2018 年 9 月	增減	
忠實（DAU）	355	565	210	159%
一般（MAU-DAU）	318	692	374	218%
流失	331	509	178	154%
有認知但未使用	1,525	2,802	1,277	184%
未認知	5,669	3,632	-2,037	64%
忠實＋一般	673	1,257	584	187%
下次偏好（SA） ※ 未認知層除外	17.0%	16.1%		-0.9%

競爭者 A	2017 年 8 月	2018 年 9 月	增減	
忠實（DAU）	266	247	-19	93%
一般（MAU-DAU）	242	267	25	110%
流失	487	620	133	127%
有認知但未使用	2,582	3,443	861	133%
未認知	4,623	3,624	-999	78%
忠實＋一般	508	513	5	101%
下次偏好（SA） ※ 未認知層除外	8.6%	4.3%		-4.3%

註：兩者的計算時期都以 N=1,200 的調查比例與人口估算值為基礎算出概算（單位：萬人）。

圖 4-15　五格區間圖的比較

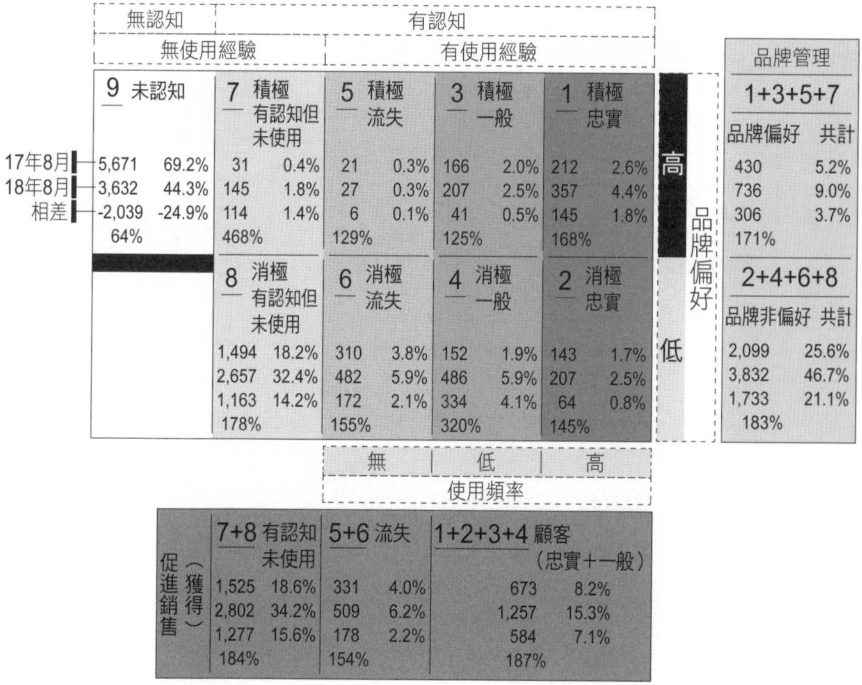

註：框內左列數字是以 20 到 69 歲男女的人口估計值 8,200（萬人）當作母數的概算；右列數字是相對母數的比例。

圖 4-16 SmartNews 的九格區間圖推移

目前為止所介紹的SmartNews行銷，是計算來自一名顧客一定期間內可獲得的總利潤（LTV），並以此為基礎進行行銷投資。具體來說，這是把不超過LTV的範圍內，每一位新安裝的行銷成本（CPI）當作投資的制約條件下，所獲得的新顧客。

如同第三章所介紹的，若提升品牌認知與品牌偏好，CPI就會下降。因此，使用線下的電視廣告

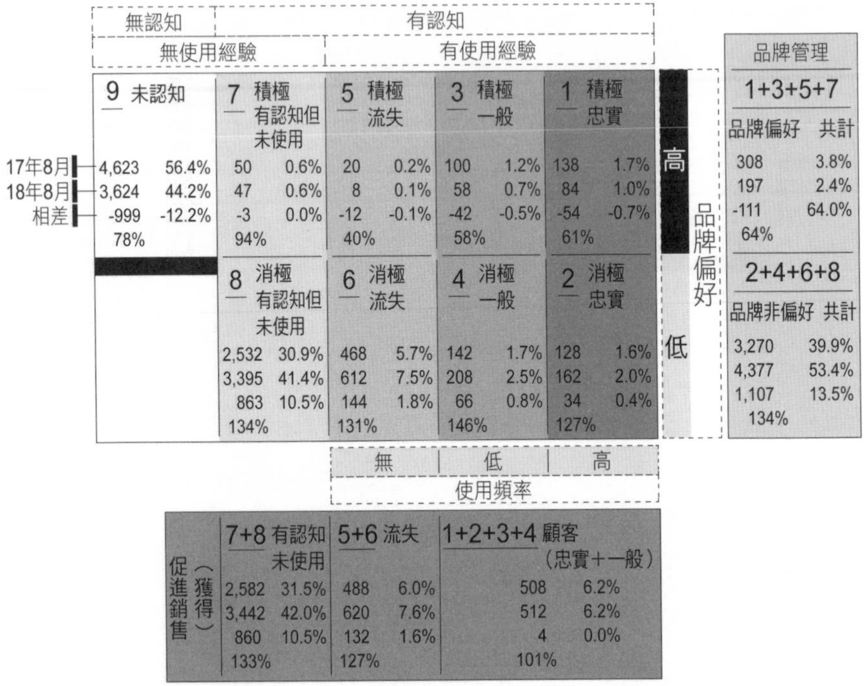

	無認知		有認知			品牌管理
	無使用經驗			有使用經驗		1+3+5+7
	9 未認知	**7 積極 有認知但未使用**	**5 積極 流失**	**3 積極 一般**	**1 積極 忠實**	**品牌偏好 共計**
17年8月	4,623　56.4%	50　0.6%	20　0.2%	100　1.2%	138　1.7%	308　3.8%
18年8月	3,624　44.2%	47　0.6%	8　0.1%	58　0.7%	84　1.0%	197　2.4%
相差	-999　-12.2%	-3　0.0%	-12　-0.1%	-42　-0.5%	-54　-0.7%	-111　64.0%
	78%	94%	40%	58%	61%	64%
		8 消極 有認知但未使用	**6 消極 流失**	**4 消極 一般**	**2 消極 忠實**	**2+4+6+8 品牌非偏好 共計**
		2,532　30.9%	468　5.7%	142　1.7%	128　1.6%	3,270　39.9%
		3,395　41.4%	612　7.5%	208　2.5%	162　2.0%	4,377　53.4%
		863　10.5%	144　1.8%	66　0.8%	34　0.4%	1,107　13.5%
		134%	131%	146%	127%	134%

	無	低	高
		使用頻率	

促進銷售（獲得）	**7+8 有認知未使用**	**5+6 流失**	**1+2+3+4 顧客（忠實＋一般）**
	2,582　31.5%	488　6.0%	508　6.2%
	3,442　42.0%	620　7.6%	512　6.2%
	860　10.5%	132　1.6%	4　0.0%
	133%	127%	101%

註：框內左列數字是以人口估計數 8,200（萬人）當作母數的概算；右列數字是相對母數的比例。

圖 4-17　競爭者 A 的九格區間圖推移

提高品牌認知與偏好，並且盡可能從電視廣告立即獲得新顧客，與此同時，擴大有品牌認知和偏好的未安裝層（九格區間圖的第七區間積極有認知但未使用顧客），使用線上廣告以較低的CPI獲得顧客。因為投資電視廣告非常昂貴，所以設計和操作必須滿足能夠從電視廣告直接獲得的顧客數，和之後利用線上廣告所獲得的顧客數的合計總數，作為全部的行銷成本。

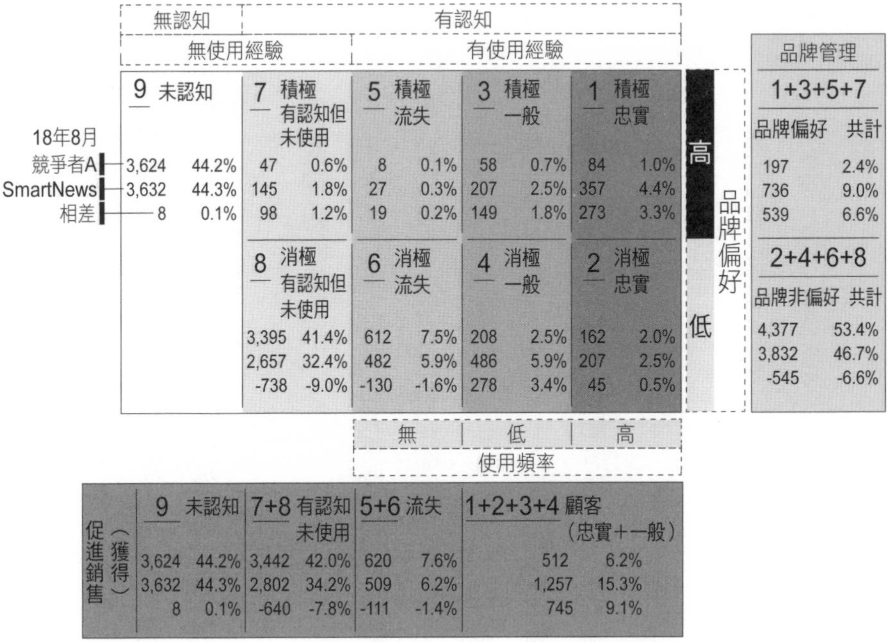

無認知
有認知
無使用經驗
有使用經驗
18年8月
競爭者A
SmartNews
相差
9 未認知
3,624 44.2%
3,632 44.3%
8 0.1%
7 積極 有認知但未使用
47 0.6%
145 1.8%
98 1.2%
5 積極 流失
8 0.1%
27 0.3%
19 0.2%
3 積極 一般
58 0.7%
207 2.5%
149 1.8%
1 積極 忠實
84 1.0%
357 4.4%
273 3.3%
8 消極 有認知但未使用
3,395 41.4%
2,657 32.4%
-738 -9.0%
6 消極 流失
612 7.5%
482 5.9%
-130 -1.6%
4 消極 一般
208 2.5%
486 5.9%
278 3.4%
2 消極 忠實
162 2.0%
207 2.5%
45 0.5%
高
低
品牌偏好
品牌管理
1+3+5+7
品牌偏好 共計
197 2.4%
736 9.0%
539 6.6%
2+4+6+8
品牌非偏好 共計
4,377 53.4%
3,832 46.7%
-545 -6.6%
無
低
高
使用頻率
促進銷售（獲得）
9 未認知
3,624 44.2%
3,632 44.3%
8 0.1%
7+8 有認知未使用
3,442 42.0%
2,802 34.2%
-640 -7.8%
5+6 流失
620 7.6%
509 6.2%
-111 -1.4%
1+2+3+4 顧客（忠實＋一般）
512 6.2%
1,257 15.3%
745 9.1%

註：框內左列數字是以人口估計數 8,200（萬人）當作母數的概算；右列數字是相對母數的比例。

圖 4-18　兩個品牌的九格區間圖比較

幸運的是，透過利用電視廣告建構的品牌喜好，減少了流失顧客數，並增加了流失顧客的回歸數，也對全體顧客的忠誠化有所貢獻。

目前的四個章節介紹過五格區間圖和九格區間圖的制定、從N1分析發想出多個「創意」，然後用概念測試定量化製作多個電視廣告，進一步重複測試的目的，是為了組織這個整合的行銷方案。我將大概的要點統整於下文，請讀者參考。

SmartNews在之後也有行銷活動、產品改良，二〇一八年成為日本最大的新聞專業APP。另外，它在美國也活用同樣的架構，開始以單一顧客為出發點進行行銷，日美合計每月使用人數超過一千萬人。關於這個內容和結果，我想未來若有機會的話，再向各位報告。

・投資制約條件

LTV（一定期間內可獲得來自每一位顧客的累計利潤）大於新顧客獲取成本等於對每一人的行銷投資額（CPI）

＊LTV乘總顧客數（新獲得數和既有顧客數＊），等於一定期間內的總利潤

＊忠實顧客層的LTV，大於一般顧客層的LTV

＊既有顧客數等於持續顧客數加上來自流失層的回歸數扣除來自現在顧客的流失數

・整合行銷目標

1. 總顧客數的增加等於在投資限制條件下的新獲得顧客數
等於①來自電視廣告投資獲得的直接顧客獲得數，加上②來自線上廣告的新顧客

獲得數（透過電視廣告投資提升品牌認知和品牌偏好，反映了線上廣告的顧客獲取成本效益上升）加上③既有顧客的維持數（因品牌偏好提升，讓既有顧客的流失率減少，流失顧客回歸）

2. 忠實顧客比例的增加，等於因品牌偏好提升讓既有顧客忠誠化（增加使用頻率、時間）

第4章摘要

1.「產品創意」的強度對行銷很重要。
2. 以N1為出發點的「創意」可以用概念測試來驗證潛力。
3. 電視廣告也和線上行銷一樣可以用PDCA將效果最大化。

＊若不提高品牌認知，則利用線上廣告及公關投資獲取新顧客的成本效益就無法提升，因此會造成投資能力出現上限。

專欄 4

當單一顧客分析法不順利時……

除了第四章，本書也提過幾個成功的案例，但實際上也有許多失敗的經驗。倒不如說，以失敗為成功之母，才能確立本書的架構。

以顧客為起點的行銷運作不順利的模式，其典型案例是，無法集中於「N 1」，拘泥於大眾思維，無法深切打動任何人。其他例子還有「產品創意」無法紮實地落實到「傳播創意」中，在行銷的過程「產品創意」搖擺不定，逃脱至「傳播創意」等。

請容我再具體地介紹稍微複雜的例子。這是「產品創意」背離實際商品使用情況的例子。二〇〇八年，樂敦製藥發售了「BASPAS 身體護膚油」這項商品。這是用於剛洗完澡擦身體之前，在浴室內塗抹保溼用的護膚油。現在則有「In-Bath Treatment」這種在出浴室之前淋溼的狀態下，用來滲透護膚的產品，但當時這是帶頭的商品，市場並沒有先行商品。

從護膚的觀點來看，本質離不開保溼。洗去皮脂用毛巾擦乾後，皮膚立刻會越來越乾，因此對剛洗完澡的皮膚來說，立即保溼很重要，這是當時製造商方面的常識。放著皮膚乾燥不管，容易發癢，但是「怠於保溼會引起發癢」，這件事卻意外地不為人知。針對發癢，樂敦製藥有含藥化妝品的止癢藥膏等產品，已取得市占率，因此才有了開端，討論不如開發在發癢發生前就處理保溼的商品。

當時雖然沒有建立明確的顧客金字塔，但也先調查了女性的護膚市場，進行了粗略的區隔分類。為了防止小孩皮膚乾燥也是保溼護膚商品的主要購買原因，但使用對象也包含全家人，因此我們想找出需要保溼的顧客，最多來自哪裡。

我和開發負責人一起，分析每天仔細保溼的忠實層和其他客層的差異，發現一般層和其下的客層，對於「放著皮膚乾燥不管會發癢」的認知較低，很多人在不保溼的狀態下，到了乾燥的季節發癢，突然發癢而購買止癢藥膏等產品。相反的忠實層則感覺到「擦身體的瞬間開始越來越乾燥」，「擦乾後需要立即保溼」，因此他們會使用保養油或乳霜。只不過他們也有不滿——「理想的皮膚是毛巾即將擦乾前的淋溼狀態」、「想要更保溼」，我們獲得了這樣的獨到見解。

而這裡有個很大的產品落差，也就是明白了市場缺乏滿足這個需求的商品，因此我們從乾燥的機制，總算推導出預期有效的概念「把浴室內淋溼狀態的皮膚密封起來的保養油」。「產品創意」的獨特性是「浴室內使用的身體護膚油」，效益是「鎖水保溼」。實際做概念測試和原型樣品的監控評估，都是「我非常想要」的好評，開發成員也測試好幾次，逐步改善了使用的感覺。

到這裡為止，我覺得很有把握。雖然是非常新穎的商品，但我堅信可以得到那些殷切渴望保溼的客層支持。投入市場後雖然得到了固定客層的好評，但結果重複購買的人比預估的更少，後來就停售了。我對為此努力的同事感到非常抱歉。

在我分析顧客不會回購的原因後，深切感受到是我未能深入理解實際的使用情況。首先是油比乳霜類產品更難操作，滴到浴室的地板上不僅會弄髒，還會滑倒很危險，尤其是我疏漏了對於塗在小孩身上的人來說，這個觀點很重要；第二點是塗油之後擦身體，就會覺得弄髒了毛巾，每天都必須洗毛巾很麻煩。實際上沐浴乳或沐浴劑也多少會有成分轉移到毛巾上，但因為擦完這種油不會被沖洗，擦拭就會成為一種心理負擔。

發售前我們自己測試的時候，自己知道正確的使用方式，又私心認為這是絕對保溼的好商品，因此幾乎不擔心這個問題。絕對保溼就沒問題了吧，之後再回想這件事，會發現是我無法完全拋開開發者的觀點，事前的監控調查，也只問了商品的滿意度，沒有調查使用情景會發生什麼事。塗抹在小孩身上的母親客層並不包含於監控中，這或許也是我們未能察覺油很難操作的原因。即使看到之後的 In-Bath Treatment 市場擴大，現在我仍不覺得著眼點本身有錯，這個「產品創意」要以顧客的觀點來了解，而不是用提供者的觀點來看，必須掌握和具備需要的功能，包含顧客的生活和使用情景。

身為行銷人員，和公司內外許多人合作才投入市場的商品或服務，卻得到失敗的結論，雖然是自然的事，但我有切身之痛。我所能做的只有從這次經驗中盡可能學習，下次再活用它。從此以後，我一定會就 N1 的生活樣貌，而非商品的樣態，仔細審核「產品創意」的接受度。

第5章

在虛實整合的數位時代，如何破壞式創新？

最後這一章將介紹顧客的生活環境變化急遽，如今實體世界和數位世界混在一起，新創企業該如何發想出新的「產品創意」，並引起破壞式創新。許多既有的商業模式都正在重新定義，我們要做的不是等待被破壞，而是自行破壞並重新定義。

14 拉攏活在數位社會的顧客

把行銷最佳化的過程自動化

觀察數位技術不斷進化的現代商業環境，會發現許多以數位連結的顧客行為，可以即時衡量，行銷的自動化也跟著更進步。為了鎖定那些感受到商品或服務具備的「產品創意」的潛在客戶，大部分的企業都正在將行銷最佳化的過程自動化，藉此促進客戶對產品的認知，並提供購買的機會。而我所參與的數位APP業務，正在急速地發展，實現此目標。

只能用N1分析掌握的顧客心理狀態，這類資訊處在數位沒有連結的線下領域，我認為自動化還需要一些時間。可是**當物聯網連結了世上的事物，例如隨著可穿戴式的人體數位連接技術進步後，在不遠的將來，心理狀態的分析也可以做到一定程度的自動化**。作為本書探討的顧客行為和心理變化，從九種區間以上的詳細區隔做分析，最終將朝向無限區隔，一對一的自動化行銷活動模式發展。

或許聽起來像幻想，這正是美國未來學家雷蒙德．庫茲維爾（Raymond Kurzweil）的著作《奇異點臨近》（*Singularity Is Near*）提到的，「奇異點」預期將在二〇四五年實現。社會的數位化正在加速進行，奇異點的時間是什麼時候，這種預測就讓給專業書去談，本節將探討現在的數位技術發展，會如何改變商業環境，又該如何掌握單一顧客分析所關注的「顧客」的「現今狀況」。

理解連鎖數位技術，就能掌握現在和未來

要掌握現在和未來，第一步需要理解這十年來，以智慧型手機急遽普及為背景的連鎖

數位技術。雖然最近常見ＡＩ和ＶＲ蔚為話題，但其實機器人科學和生物科技領域的研究技術，也在同樣的技術連鎖下急遽加速發展。這重要的連鎖是二〇〇〇年代後半開始的，ＡＷＳ（Amazon Web Service）事業擴大所象徵的雲端服務登場，然後是智慧型手機的出現，讓使用寬頻、ＬＴＥ或Wi-Fi的大量數據通訊高速化和普及化。

首先，因為雲端的登場，使過去自家公司管理運用（On-premises）所承擔的伺服器負擔消失，接著雲端還提供了各種開發工具。透過雲端，數位服務的開發與營運、數據累積和分析都變得更容易，大幅降低成本。我認為以此帶來的重要變化是，以前唯有擁有充裕資本的大企業才能做的服務開發和電腦程式開發，現在任何人都可能進行開發。

這個雲端的出現，也帶動之後ＡＩ的急遽發展，還有數位領域產生各式各樣的新創公司，驟然威脅到過去的大企業生意。只要有「產品創意」，即使是私人又沒有資本，還是可以讓新事業問世。

此時智慧型手機登場，活用雲端服務，向各種企業或新創公司提供廉價大量且多樣的ＡＰＰ開發。因為智慧型手機的大量生產，當中所使用的各種感應器和零件的成本急遽下跌，也是產生各種新創公司的主要原因。最初轉移的重心是在此之前的ＰＣ用網路服務或遊戲，但之後開始增加智慧型手機專用的APP。APP市場急遽成長，再加上二○一二年4G出現，有了大量數據高速通訊的環境，Wi-Fi也普及後，一口氣提升了存取網路的速度，在任何地方，影像或影片之類流量大的內容也能毫無問題地使用，一下子迅速提高了智慧型手機的普及程度。

從這點開始，以Amazon為代表的EC為中心，增加了把傳統的實體世界服務，吸收進智慧型手機內的服務提案，某些大眾媒體也開始可以從智慧型手機存取。我現在參與規畫的SmartNews也在二○一二年誕生。順帶一提，Line

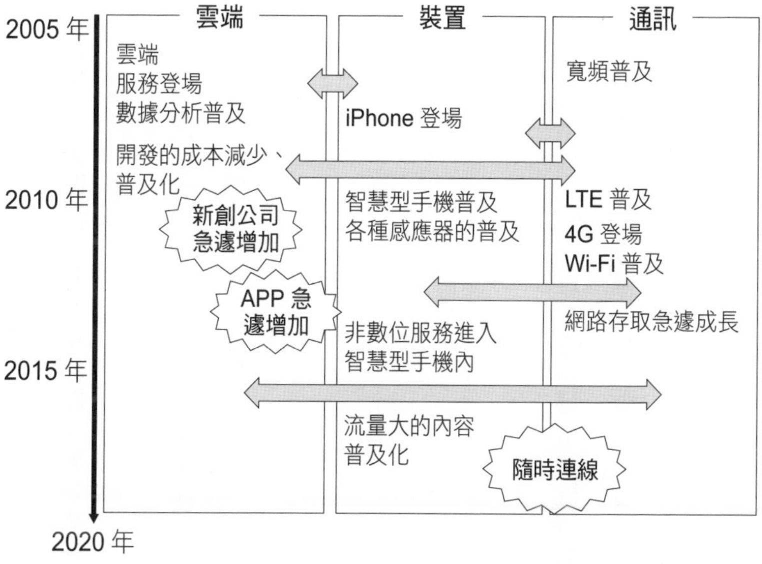

圖 5-1　多個領域的連鎖技術發展

是二〇一一年、Mercari則在二〇一三年登場，在這五年一口氣深入人們的生活中。**因為不同數位技術的連鎖發展，透過智慧型手機，個人可以在任何時間地點利用網路，獲得對所有資訊和媒體方面的無限存取能力**（圖5-1）。

這一連串的變化，和PC或手機普及的影響截然不同之處，在於它的用途範圍和使用場景。APP服務變發達後，擴展到已經快要找不到只在真實世界才能獲得的服務，此外，只要不是在很深的山裡或海上，也沒有使用場景的限制。

活在兩個「平行世界」的兩個世代

根據平成三十年（二〇一八年）版的總務省資訊通訊白皮書，日本的智慧型手機持有率從二〇一〇年的九．七％激增至二〇一七年的七五．一％*，是手機普及的兩倍速度。年齡層分別是十三到十九歲七九．五％；二十到二十九歲九四．五％；三十到三十九歲九一．七％；四十到四十九歲八五．五％；五十到五十九歲七二．七％；六十到六十九歲四四．

六％**。從每個年齡層的網路使用時間來看，平日每一天分別為十三到十九歲一百二十八點八分鐘；二十到二十九歲一百六十一點四分鐘；三十到三十九歲一百二十點四分鐘；四十到四十九歲一百零八點三分鐘；五十到五十九歲七十七點一分鐘；六十到六十九歲三十八點一分鐘，以四十到五十九歲為分界，存在很大落差***。

另外，根據 Digital Arts 的調查****，高中生的平均使用時間，女生是六．一小時；男生是四點八小時。這代表除了上課和社團的時間以外，不睡的時間幾乎都在使用智慧型手機。

從這點我們可以知道，以年輕人為中心的智慧型手機世代，長時間生活在「網路世界」。這個世界和我們過去生活的實體世界不同，可以存取不同於實體世界可得到的資訊。透過智慧型手機，每個人都能隨時直接連上網路，實體和傳統世界存在於過去的延伸，與之

* 平成三十年版資訊通訊白皮書，資訊通訊機器的家庭持有率變遷 http://www.soumu.go.jp/johotsusintokei/whitepaper/ja/h30/html/nd252110.html

** 同上白皮書，智慧型手機的個人持有率變遷 http://www.soumu.go.jp/johotsusintokei/whitepaper/ja/h30/html/nd142110.html

*** 同上白皮書，網路使用時間（平日） http://www.soumu.go.jp/johotsusintokei/whitepaper/ja/h30/html/nd252510.html

**** Digital Arts，未成年人的手機、智慧型手機使用實際情況調查 http://www.daj.jp/company/release/2017/0301_01/

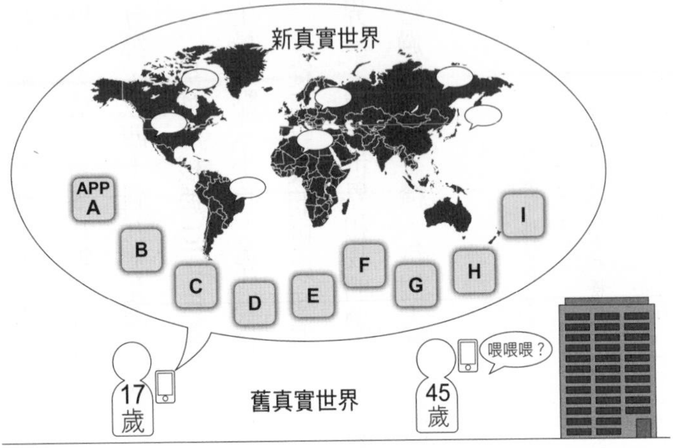

圖 5-2 「新真實世界」

分裂的新世界已經出現在網路內，並迅速擴展。世界被智慧型手機分裂，產生了平行世界。

被分裂的世界其中一方，就是一天使用智慧型手機六、七個小時，年輕人們的「新真實世界」；而另外一方，則是把智慧型手機當作聯絡方法使用，四十歲以上的人所生活的「舊真實世界」。身處澀谷十字路口的十七歲年輕人和四十五歲的商務人士，雖然物理上處於同一個空間，他們所看見的世界、居住的世界，卻是截然不同（圖 5-2）。

可以說，「新真實」世代開始住在智慧型手機裡了。但是，過去多年來扮演牽引商業界角色的中老年人，以他們為中心的非智慧型手機世代，並未看見這個新世界，特別在日本，這個影響有被低估的傾向。

原因是身為智慧型手機原生世代的年輕人，在日本的人口組成比例相對較低。雖然持有智慧型手機已經普及到所有年齡層，但被稱為智慧型手機原生世代的十到二十九歲者，比起三十到六十九歲的年齡層，人口不到他們的二分之一。因為人口組成少，和其他年齡層比起來，難以看出宏觀的消費行為變化。特別是歷史悠久的大型企業，自家公司的生意顧客，多半以年齡層人口較多的四十到六十九歲為支撐，因此關注這些年長者的增減狀況，往往造成對智慧型手機世代的認識較低。

智慧型手機世代的年輕人，總是用智慧型手機來和人聯絡，也透過朋友或資訊掌握這個世界；另一方面，對老一輩的人來說，智慧型手機只是電話的延伸，一種聯絡方式而已。這兩個世界在彼此看不見的狀態下共存為「平行世界」，而智慧型手機的世界正在逐漸擴大。如今即使生活在相同的物理空間，數位世界也正在急速擴大，拉攏擁有完全不同資訊與興趣的兩層人。重要的是必須看出這個變化並非過去一、兩百年的直線式變化，而是雙倍擴張，呈現幾何級數式的變化。

未來是「零摩擦世界」

那麼，這個「平行世界」將會朝哪裡發展呢？以雲端、智慧型手機、通訊速度高速化為起點，AI、深度學習、物聯網、大數據，還有GPU（影像處理半導體）、5G（第五代行動通訊系統）、智慧眼鏡這類各式各樣的穿戴式裝置登場，合計這些科技，二〇一六年在達沃斯世界經濟論壇上提到的「第四次工業革命」正在發生。簡而言之，我認為一個可以稱之為「零摩擦世界」的世界正在成形。

那是一個把生活所需的所有物理性勞動和時間耗費，以及與其相關的心理負擔和不滿的「摩擦」（Friction）全化為零的世界。可以說我們現

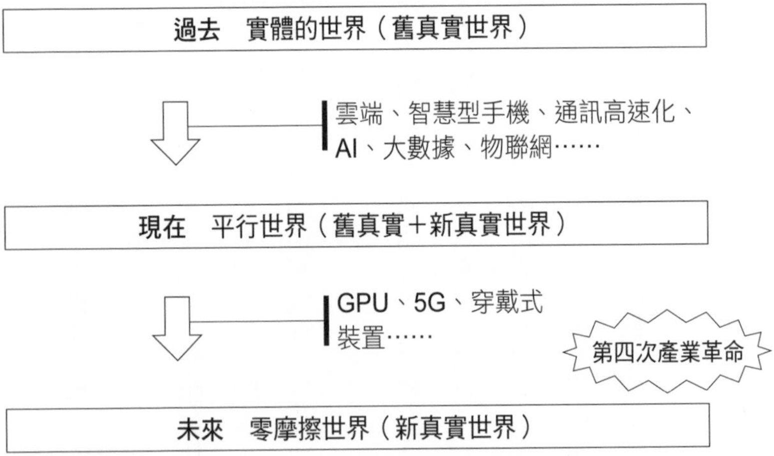

圖 5-3　從平行世界到零摩擦世界

在正在這條路上（圖5-3）。

所謂存在於生活中的摩擦，簡單來說，就是為了得到更幸福的生活所需的物理性移動或勞動、時間或心理的這些負擔，現在正在一一消失。

例如為了物理性移動所需的摩擦，像是買票、付錢等，為了付錢要伸出ＩＣ卡或智慧型手機或智慧型手錶感應，查電車時刻表、查轉乘方法、看目的地公告欄、下樓梯、等待、排隊、找計程車、用電話或智慧型手機預約、告知目的地、如果冷就請司機調升溫度等，只要想起花在這些物理性勞動和浪費的時間，我想應該能理解，當中的許多已經都消失了。進一步來說，「非移動不可」的原因就被認為是摩擦，可以用高速通訊和全像技術等科技技術解決，移動的必要性已經消失。

分析單一顧客掌握跨世代商機

讓我們重新回到實踐以顧客為起點的行銷。我們行銷人員面對的，並非「用數位媒體？

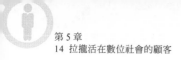

還是大眾媒體？」的問題。前述的「新真實世界」急速擴大，朝「零摩擦世界」發展的過程中，顧客本身正在分裂為舊真實和新真實。**為了建構有效的行銷策略及拓展事業版圖，該掌握的並非手段或手法，而是基於如今顧客持續急速變化的事實，提前洞察接下來的變化。這點就是本書提出分析單一顧客的意義所在**。

考慮在年輕人生活的「新真實世界」行銷時，首要的重大課題是，在智慧型手機中，是否傳播了有關該事業或生意的某些資訊，以及實際上是否送達至目標手上。如今親子的對話或朋友間的對話，甚至連移動中眼睛看到的廣告、報紙、電視等的媒體，都轉移到了智慧型手機所連結的「新真實世界」。如果資訊未觸及這一塊，對年輕人而言，那個事業或生意根本不存在，這樣下去，隨著「舊真實世界」的縮小，生意也會持續衰退。

更重要的是，透過智慧型手機存取網路，個人取得資訊是出於主動自發，並非電視那種被動式。也因為智慧型手機的畫面很小，比起九〇年代或二〇〇〇年代主流是透過ＰＣ上網的時代，對資訊的取捨選擇要迅速多了。

以大眾媒體為中心的時代，企業方可以提供簡單且單向的傳播，主導權在發送訊息的企業方，可是，通過智慧型手機形成的「新真實世界」，資訊並非由某人給予，主導權移動至個人，轉眼間就能自行取捨選擇。

廣告也是在轉眼間判斷要看或不看。如果是電視，還會被動看沒興趣的廣告，但在智慧型手機上不可能發生。也就是說，以廣告的例子來看，智慧型手機並非單純的替代以電視為主的大眾媒體。

此外，透過智慧型手機取得的資訊或存取的媒體也五花八門。根據每個人的興趣，各自存取的網站或媒體都不斷在變化，甚至連 SNS，都會根據每個人的興趣或嗜好，擁有許多小社群。現在幾乎不可能掌握人們看什麼、對什麼有興趣。

行銷人員應該以顧客為起點掌握和以往不同的差異，且越來越需要預測變化並持續改變策略的靈活性。

在圍繞顧客的數位環境中，龐大的資訊量和選項正在擴展，超出了時間、空間的框架，除了 AI 以外，已經沒有任何人能掌握整體樣貌。即使是可以在大眾媒體這片樹林中脫穎而出的美麗樹木，當樹林擴大為森林、森林變成叢林，到了叢林正在覆蓋整個世界的現在，僅僅一棵美麗的樹木任誰都看不上眼。

過去舊世代的成功經驗，在新世代已不敷使用

許多五十到六十多歲的經營幹部，他們的成功經驗立基於年輕時在「舊真實世界」所施行的商業或行銷上，這個成功的經驗本身，和持續置身於「新真實世界」的年輕人之間，意識上存在差距。即使在最接近客戶的行銷組織內，世代之間也存在很大的熱忱差距。

應該注意的是，市場被分裂為「平行世界」，過去的成功經驗不會延續到新世界。如果商業類別的目標顧客只有四十到六十九歲，或者更上層世代的人，那或許無妨，但是，當「新真實世界」的顧客加入了生產人口中，我認為很明顯的，這會創造完全不同於以往的相異趨勢。

資深經營幹部只把智慧型手機單純當電話使用，對這群人來說，不可能了解十多歲的人經常用智慧型手機連上網路的世界觀或感覺。在他們所居住的網路世界中，沒有受控的資訊，可以根據自己的興趣和喜好，獲得全世界任何的利基資訊。

不管你喜歡或討厭，因為智慧型手機上「新真實世界」的擴張而大幅變質的顧客，如何應付他們，和應付以往的顧客層相比，已截然不同。基於以前成功經驗所制定的行銷手法已

經不夠，必須重新設計經營策略和行銷策略。

就算沒有顧客資料庫，也能掌握顧客行為與心理

網路一開始是冷戰期間，因需要高存活率的通訊網路去創建分散型網路，但透過智慧型手機連結個人後，可以說消費者本身就是分散型網路。

由於是分散型，在過去世界經營事業的企業，無法掌握消費者在這個新世界會看見什麼、做什麼。以前的市場狀況，可以透過電視收視率或雜誌的發行刊數等資訊獲知，到了現在也經常變化並持續擴大，且由於跨越國界和時差，無法掌握整體狀況。

能夠辦到這一點的，無非就是Google、Facebook、Amazon，在中國則是阿里巴巴和騰訊之類的網路巨人。「新真實世界」的消費者行為和興趣，以及網路的數據，持續被這些參加者獨占。

至今仍有許多企業尚未著手建立顧客資料庫，或是進行了大規模投資，並建立了龐大的

資料庫，但還未找到活用資料庫的方法，未能與業務成果產生聯結。即使建立了資料庫，下一個問題則是沒有活用資料庫的架構。

本書所介紹的累積與分析顧客的行為數據和心理數據，即使沒有建立龐大的資料庫也能進行活用。無論企業規模如何，也能明天就開始實行。希望讀者務必建構顧客金字塔，可以的話再透過建立九格區間圖和N1分析，即時了解從分裂的「平行世界」朝零摩擦發展的顧客，致力於發想出新的「產品創意」和「傳播創意」。

15 打造絕對優勢的數位行銷模式

應用數位行銷的龐大可能性

最後這部分，我將解說透過智慧型手機擴展的「新真實世界」的APP商業。根據APP商業分析工具供應商App Annie的數據顯示，二〇一八年全世界的APP下載數為一千九百四十億件；智慧型手機使用者平均每日使用時間是三小時；以行動裝置為中心的企業IPO平均估值上升至將近其他企業的四倍（「行動裝置市場年鑑二〇一九」二〇一九年一月發表）。我參與規畫SmartNews之前，也不知道APP的商業急速擴張到如此地步。

APP商業的特徵是，組織大部分由工程師組成，使用者的行為數據能即時視覺化。當然，也會即時進行產品的改良和進化。對於來自「舊真實世界」的我來說，如此的透明度和速度令人驚訝，同時也能理解為什麼數位商務會在短期內發展壯大。我感受到應用於數位行銷的龐大可能性，同時也強烈認知到以往的事業沒有納入數位的風險，將會多麼致命。

打造回購的商業模式：「AARRR模型」

在第二章應用過的顧客體驗旅程，近年來得到各種企業的關注和採用。這個概念的意思是，顧客如何和商品產生接觸點，有認知、購買，並繼續使用，把這段路程比喻為旅程，隨著時序視覺化，並應用在行銷，而在數位的世界，這已經是固定的日常業務。

在APP的商業所用的商業模式中，有一種稱之為「AARRR模型」（圖5-4）。這是把使用者的行為分為五個階段——A（Acquisition，獲取用戶）、A（Activation，提高商品使用者的活躍度）、R（Retention，繼續使用）、R（Referral，向別人介紹或推薦）、

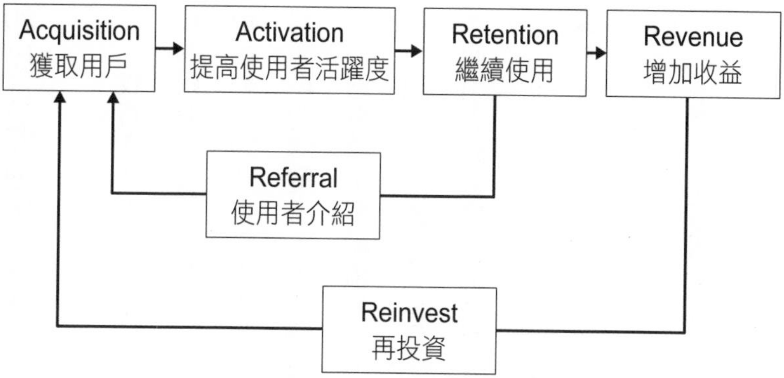

圖 5-4 AARRR 模型

R（Revenue，增加收益），以即時資料視覺化並分析，將「產品創意」本身化為各種「變數」的組合，藉以掌握的模型。透過持續使用的使用者介紹，並再次將所得的收益進行投資，達成獲得下一個新顧客。它並非以完成「產品創意」本身為前提，運用使用者行為的數據是為了完善「產品創意」，這是「舊真實世界」的商業找不到的樣式。這類 APP 的目標是連續運作此循環，實現高收益。

為了避免浪費投資在沒有需求的地方，也有爭論認為一開始進行 Activation，最後再加入 Acquisition 的 ARRRA 模型比較好，但這裡適用的對象是已經確認「產品創意」有效性之後的投資模型，因此我說明的是從 Acquisition 開始的 AARRR 模型。

如何具體運用AARRR模型？

我將介紹以遊戲APP為例，如何具體運用這個模型。首先，要掌握使用者是以什麼樣的媒體或資訊為起因，而對APP有興趣，即時最佳化用來獲取用戶（Acquisition）的行銷活動。因為也能視覺化已獲取的用戶在遊戲的哪裡卡關、在哪裡流失的資料，即可看透所謂痛點的關鍵處，再改變遊戲的內容本身，或開發令人想再次使用的誘因或獎勵機制。

透過給予獎勵積分、發生事件、提供用來解決難題的提示或改變本身的難易度，可以提高使用者的活躍度（Activation），增加繼續使用的時間（Retention）。也可以從數據分析讓使用者動機增強的時點，以及使忠誠度上升之處，藉以判斷課金的時機或課金額度。

也因為了解使用者會在哪個階段做什麼樣的推薦（Referral），可以用來進行讓口耳相傳效果最大化的行銷活動。規畫容易得到推薦的獎勵機制或活動，並實際內建在產品本身，可以讓這些成本壓到最低，並增加用戶數。

當然，在每個反覆試驗的過程中，要建立多個解決方案的假設，並進行A／B測試比較討論，繼續摸索更有效的解決方案。即時重複這些過程二十四小時後，收益（Revenue）增加、使用者的平均 LTV 最大化，完成了即使進行大型廣告投資，也充分有利可圖的商業模式。如果判斷做了以上投資仍不會增加收益，就要在此停止開發，轉向投資新的創意。

活用線上線下的整合行銷

第四章應用在 SmartNews 的行銷，其實就是 APP 的行銷模型 AARRR 模型，再加上品牌認知和品牌偏好所形成的整合行銷模型。這裡請容我簡單做介紹。

APP 的行銷目標是獲取長期且持續的最大化利潤，為了達成總顧客數增加和忠誠化，這份工作對於獲取新顧客、忠誠化既有顧客、減少流失顧客數、讓流失顧客回歸，要設定短中長期的優先順序。為了實行以上這些而有了 AARRR 模型，再加上提升品牌認知和偏好，活用線上和線下的所有方法使投資效果最大化，就是 APP 商務的整合行銷。

具體來說，這個模型就是在 AARRR 模型中，整合並視覺化 1. 藉由電視廣告投資獲取直接的新顧客；2. 透過數位廣告、公關獲取新顧客，加上以投資電視廣告提升品牌認知和

Step.1 整合線下和線上的投資

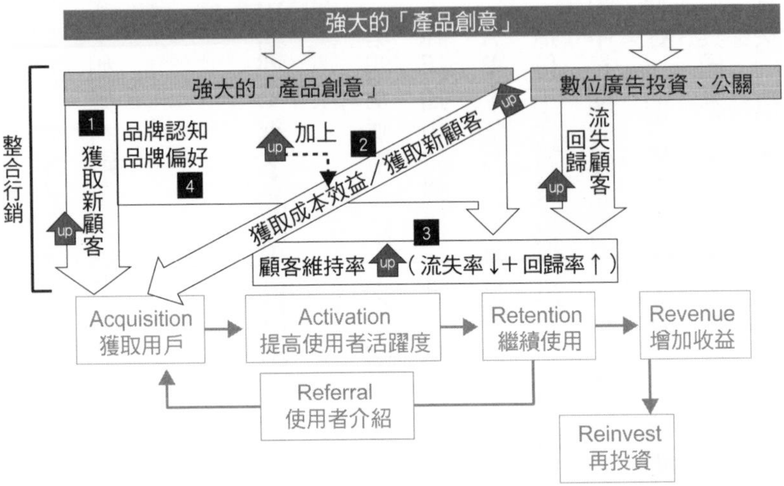

Step.2 銜接 AARRR 模型與 PDCA

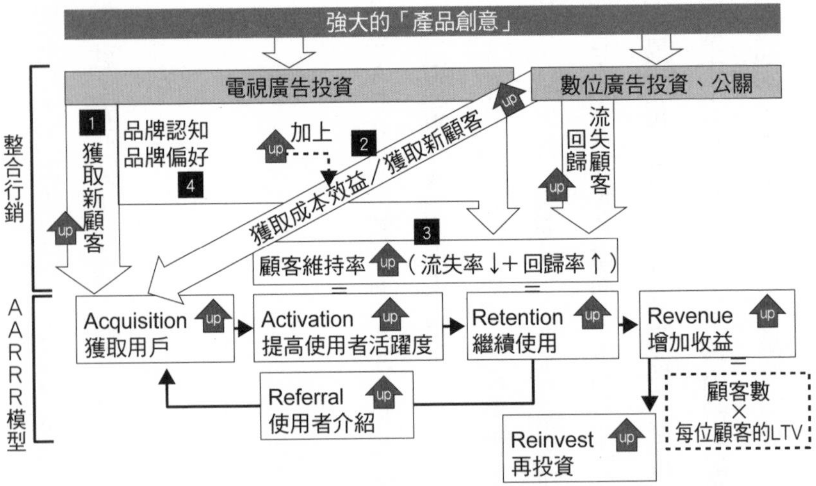

圖 5-5 APP 的整合行銷

品牌偏好，提升獲取成本效益；3.透過提升品牌偏好減少既有顧客的流失率並促進流失顧客回歸；4.促進既有顧客的忠誠化（圖5-5）。

重要的關鍵是，以強大的「產品創意」為基礎，提升品牌認知和品牌偏好。藉此透過數位廣告提升獲得新顧客的成本效益（因為用低CPI獲得的目標顧客層增加），提高了數位廣告投資的可能額度上限，就能擴大規模。透過這個整合行銷模型，AARRR模型擴大循環並擴增收益，行銷投資就可以進一步擴大循環。

數位商業迎頭趕上的優勢與弱點

前述的AARRR模型，就是為什麼前所未聞的數位新創公司的新事業，突然出現在世界上，使用者在短期內一下子增加的原因。此模型把使用者行為數據化，以即時的視覺化，二十四小時三百六十五天重複進行小型的試行錯誤，持續使「產品創意」更完善，在算出獲利的瞬間，一口氣投資並擴張認知。結果他們逐漸創造出巨大的事業（圖5-6）。

籌措資金時，通常也會涉及龐大的投資基金，但熟悉這種商業模式而且有創業經驗的新創投資家，則會從早期開始參與「產品創意」已經完善的新創公司。網路上積極交換的資訊，也包括他們的建議，這正是「舊真實世界」所看不見的，在「新真實世界」陸續發想出新的「產品創意」。

當然，「產品創意」的獨特性才是出發點，不用在乎是否能創造效益也有一條活路。因為開發產品的同時，透過視覺化使用者的行為數據，並分析、進行大量的A／B測試，重複變更與改良後，即使不明白使用者的心理也可以發現效益，或是逐漸創造效益。在每天的開發過程中靈活運用使用者的回饋意見，得到

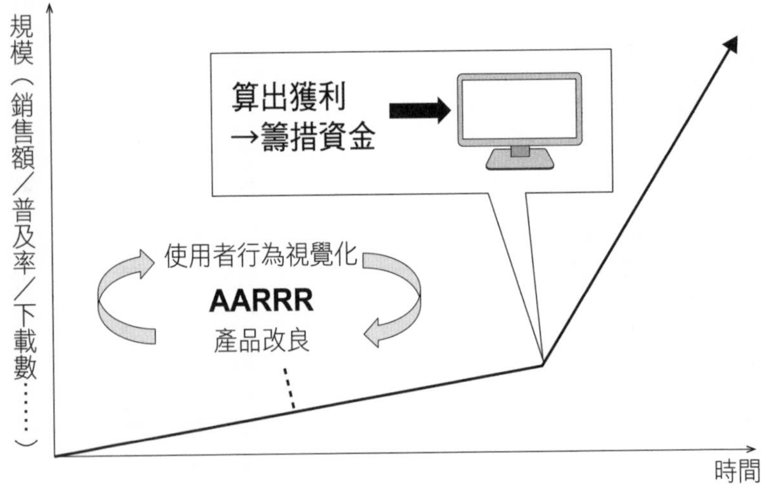

圖 5-6　一口氣擴張的數位行銷

使用者支持，並能確認獲利前景的獨特性與效益的組合（產品創意）得以完成。

更進一步，即使未「完成」商品，也可以把行為數據當作基礎，持續探索讓「產品創意」永遠進化中的強大效益。蘋果自從開始發售 iPhone 後，也對自動更新或服務反覆進行追加、修正，這也算是在開發產品的同時，藉由讓「產品創意」進化，建構擴大的獲利基礎。

我目前致力從事的 SmartNews 事業也是一樣，而且這個模型不限於 APP 商業，只要是以數位為基礎的事業全都通用。和「舊真實世界」的事業之間，決定性的差異就在這裡。但是一般來說，數位業界並不擅長以使用者的心理分析或獨到見解分析為基礎，發想新的提案或企畫，因此未能活用剛才所介紹的整合行銷模型。這也是數位商業的弱點，也可以說是進一步成長的機會。

我們從「舊真實世界」看不見這樣的變化，也無法判斷對自家公司事業的影響。此外，也沒有方法可以驗證這個數位事業的「產品創意」是否出色。不過，可以肯定的是，當它出現在市場上，並開始專注於用大量投資獲取使用者和形成認知的時候，已經為時已晚了。如此一來，過去的商業將被數位商業重新定義並搶走顧客。也為了從「舊真實世界」察覺無形的數位所帶來的破壞式創新，我們要關注九格區間圖的變化，並對每個顧客區間進行 N1

分析，藉以及時發現小徵兆——對自家商品或服務的消費，有替代性的數位服務或商品登場，然後評估它的影響，制定策略時把收購事業也納入考量，是必不可少的條件。

把開發商品視為行銷的職責

行銷人員無人不知的ＡＩＳＡＳ*，是二〇〇七年由當時電通的秋山隆平先生，在「資訊大爆發：傳播、設計將如何改變」（宣傳會議）上提出的消費者購買模型。在這個時刻，秋山先生預測將出現「新真實世界」，但我認為之後因為智慧型手機出現造成的急速變化，似乎超出了預期。當時我曾有機會和秋山先生聚餐，讓身為「舊真實世界」居民的我獲益良多。

在ＡＩＳＡＳ中，概念化了非常重要的獨到見解，以實務者的感受而言，Ａ（Attention）很困難。因智慧型手機的出現，媒體被分裂，各式各樣無數的數位媒體登場，在這當中獲得認知的難度和成本年年高漲，也並非單憑委託廣告代理商，製造有影響力的

「爆紅」廣告就能解決。

所有的商業，都必須追求商品或服務的獨特化（產品創業）。把開發商品本身視為行銷的職責而努力，從開發「產品創意」的時候開始製造具備壓倒性優勢的獨特性和效益之間的連動，也應該同時開發「傳播創意」。思考時兼顧「傳播創意」，可以重新探究「產品創意」本身是否有應該問世的獨特性，真的有明確的效益嗎。我們應該避免舊型偏重傳播的行銷：把獨特性薄弱的「產品創意」維持原樣，而讓「傳播創意」擔負所有責任。

我們該解決的課題是，在急遽擴大的數位媒體和資訊量中，如何讓自家公司的資訊脫穎而出，成功讓顧客獲取最初的認知，並能夠藉此引起他們的購買意願。即使順利從品牌認知抵達引起購買這一步，因為每天接觸的資訊仍不斷膨脹，好不容易贏得顧客興趣的相對價值也會瞬間下降。意思是秋山先生所指出的創意，和本書中「傳播創意」的遺忘曲線，變得更短了。

過去由於獲得資訊的途徑和資訊量有限，透過大眾媒體傳達「創意」，商品或服務就能暢銷，從而就此建立事業。我們籠統地將此稱為「行銷」，回頭來看算是很輕鬆的時代，而

---

* 具有網路概念的消費者心理模式：Attention（引起注意）、Interest（產生興趣）、Search（搜尋）、Action（行動）、Share（分享）。

現在我們進入了一個當時的技能知識已不能生存的時代。

未來左右成功的，將越來越取決於「產品創意」是否擁有絕對的獨特性。重要的是以理解顧客為起點，並開發追求獨特性的「產品創意」，以及開發用來傳達的「傳播創意」，然後設計出能從獲取認知連結至購買行為的整合行銷。而且為了實行這些，需要執行沒有時間落後的顧客起點行銷，這需要開發、公關、宣傳、營業等跨部門的跨組織合作。為此，我希望各位能利用顧客金字塔和九格區間圖，以顧客為起點分析自家的品牌和競爭狀況。

第5章摘要

1. 別拘泥於科技的發展，應觀察顧客的行為與心理。
2. 數位重新定義了「舊世界」的商業，並帶來破壞式創新。
3. 這個時代最重要的是建構絕對優勢、無可替代的「產品創意」。

專欄 5

多多傾聽新世代的想法和行為

請容我稍微介紹這兩年參與 SmartNews 這家數位新創公司的所見所聞與雜感。數位業界的概略，從商業角度而言，就是第五章介紹過，展開了把「摩擦」化為零的商業。可是，在過去的世界從未出現的新商業模式，這種案例其實並不多，大部分都是把存在於「舊真實世界」的商業重新置換罷了。

我在數位業界遇見的許多新創企業經營者、工程師，以及天使投資人，無須言語表達的共同目標，並非僅僅是一夕致富。而是重新建構存在許多摩擦的「舊真實世界」，非數位世界的數位化，換句話說，我覺得就是實現「零摩擦」、世界的數位化。

雷蒙德．庫茲維爾所預期的「奇異點」，就是「零摩擦」世界本身，回顧過去這幾年

AI和深度學習的發展，我認為它的發展速度快得超乎當時的預期。由Amazon所標準化，以個人的行動記錄和搜尋記錄為根本的推薦系統，現在透過AI不斷應用在所有產業。

在二〇一八年十一月的時候，Amazon發表了販售自家公司的推薦系統AI功能服務。最終的目的地，應該是一個由AI預測自己想要的東西或接下來該做的事，並搶先提出建議，把摩擦化為零的世界吧。驚人的是，Amazon早在二〇一二年就已經申請了專利，可以在顧客下訂單之前預測所需商品並配送。

接著，在我參與規畫SmartNews後，我試著住在過去未曾見過的數位世界（「新真實世界」）中。這兩年我不看任何報紙，沉迷於智慧型手機，無意識中不知不覺生活幾乎不看電視和雜誌了。我實際的工作雖然也會因為畫面小而不方便，但幾乎可以只靠智慧型手機，甚至不用PC就能完成。工作的地點也沒有限制，也切實感受到所見的世界觀有了鉅變。

數位商業所使用的語言也很特殊，商業的思考方式和行銷的思考模式也都不同。大部分的人，一開始甚至都覺得不需要行銷。

我自己獲取資訊的媒體，以及和我交流的人也都起了很大變化。我也試著首次參加新創企業取向的會議ICC（Industry Co-Creation）、IVS（Infinity Ventures Summit）、新創展 Slush Tokyo 等活動。在這裡遇見的每個人，和我以前在商場上遇見的人完全不同，真的是平行世界。另一方面，傳統類「舊真實世界」的企業幹部全都會參加國外的這類活動，他們會登台發表自家公司的倡議或魅力等，此外也積極致力於確保可以活用於自家業務的數位技術、合作夥伴和人才。

我在數位的商場上所見到的新創經營者、天使投資人及機構投資者，大部分是二十到四十多歲的人。也有許多是在國外有商業經驗或住在國外的人，即使是日本人或英語圈以外的人，使用英語也是理所當然，我切實感受到這是「舊真實世界」所看不見的，達成了超越日本國境的生態系統。

當然，也有來自舊真實世界的「資深人士」，他們擁有豐富的商場經驗，正在切入數位商業，但是我認為許多人即使認知到，此時誕生了一個無法憑過去的常識或成功經驗競爭的世界，還是處於束手無策的狀態。

如果各位讀者讀完這本書，能夠多少感覺到這個「新真實世界」帶來的威脅與機會，我會建議讀者直接和「新真實世界」的居民見面，傾聽他們的想法和行為。一直住在「舊真實世界」裡，無法理解這個世界。如果停留在現狀卻和他們相逢了，那時大概就是他們以數位重新定義舊真實世界的商業之後了。

在此之前，我希望讀者可以先親自參加數位業界或新創業界的會議，了解那裡討論的議題，體驗出現了怎樣的「創意」，製造機會接觸各位目標為「新真實世界」的人思考什麼。

結語

以單一顧客為出發的行銷，才能與時俱進

非常感謝你讀到最後。身為從事行銷和管理二十七年以上的實務者，我很開心可以為各位的實務幫上一點忙。

其實本書的書寫也設定了具體的N1。那就是一九九七年在P&G迎接品牌經理職務第三年，二十九歲的自己。我徹底追求在二十多歲時學到的行銷理論和量化分析，用以建立策略，在日本市場上推出第一個新品牌，才半年就默默無聞，讓我感到過去未曾體驗過的巨大挫折。雖然重新驗證好幾次數據和邏輯，卻找不到決定性的錯誤，結果我也找不到解決的方法，最後放棄了這個品牌。我對和我一起努力過來的屬下和同事感到滿滿的歉意，還沮喪到認為自己身為行銷人員的職涯也結束了，但幸好我有最後的機會，下一次交由我負責的護髮品牌在短期內成功成長業績，總算和我之後的職涯有所聯繫。

這個我最後下定決心努力的護髮品牌，並未進行任何調查或數據的邏輯建構。首先由或自己充當使用者巡迴零售店，接觸商品貨架，購買、使用各種商品後，追求自己覺得有趣之處。我直接和很了解使用者的髮型師談話，甚至出席造型師進修會，我實踐了逆向的方法，光憑著來自具體「某人」的強烈反應去思考「創意」，並由此逆推行銷策略，再做量化調查確認。

原因是我想起了當我負責的品牌結果失敗時，前輩曾給我的建議：「請憑你的心去感覺而不是用頭腦思考」、「不要把使用者視為對象，必須和他的感覺有共鳴，『帶入自己』」。當時我不懂他的意思是什麼，甚至覺得既然數據和邏輯都正確，你給我這種老派的建議讓我很為難。如果我當時能理解這番話的深意，我想結果應該大不相同。

本書所介紹的架構和內容，彙整了以這些經驗和建議為起點，我自己感覺尚有不足，而尋找理想的行銷，不斷摸索的過程。回顧過去，感覺好像已經埋頭在解複雜的謎題二十年以上了。如果可以把這本書遞給那時煩惱痛苦的自己，我想或許可以開發出受許多客戶歡迎的品牌，大獲成功吧。不過事到如今已經無法實現了，我想現在若能提供在第一線煩惱的實務家一些靈感就好了。

本書所介紹的單一顧客行銷模型，曾經在我從事的事業或各種客戶企業實踐過，也開發出更容易活用這些模型的方法。以顧客金字塔、九格區間圖為基礎的分析，為了從分析建構策略和「創意」，也會產生某種程度的手動作業。此時活用數位技術，不就能讓這些模型更有效率嗎，我也正在新公司摸索這些。未來我會繼續在下列網址發表實例研究等資訊，希望能作為參考（https://mktgforce.com/）。

無論世界如何進化和數位化，左右人類行為的還是人心的變化。光憑數據和邏輯無法了解顧客的心。只要能傾聽、了解每一位顧客的心，貫徹同情共感的態度，一定會帶來行銷的成果。我相信行銷是無論哪個時代，都可以創造新價值的美妙工作。

希望各位務必能追求以單一顧客為出發點的行銷，不斷在世上創造過去未曾有的獨特性和充滿出色效益的新商品、新服務，並送到廣大顧客的手上。

謝辭

從開始寫之後花了一年時間，經過好幾次反覆大幅修正與刪除才好不容易成書。所有的出發點都來自我二十九歲時的挫折，在那之後，對於賜予我許多經驗的 P&G、樂敦製藥、歐舒丹集團、SmartNews 的經營團隊和同事，以及我有幸擔任顧問的許多客戶，我由衷感謝你們。

雖然我有自信只要能致力於應用這個架構，一定會有成果，但一開始在行銷概念完全不同的 SmartNews，我連架構都沒說明，就一股腦地執行了兩年。在沒有任何先例的情況下就相信會成功，從第一天就跟我一起執行的唯一行銷成員山﨑佑介；連正式的定位都沒有的情況下，加入行銷團隊創造迅速成長的松浦茂樹、町田雄哉、谷本尚子、網谷隆志、松永美咲、久松容子、湯川のどか、松岡宗嗣、雫石夏子、宮本由貴子；還有，非常專業且不分日夜持續支持我們的電通團隊：宮川憲治先生、月川拓馬先生、清水福主先生、山口達也先生、黎明先生、鈴木聖良先生、岡野草平先生、辻中輝先生、伊勢田世山先生、澤田桃子小姐、石橋眞澄先生、松岡文吾先生、吉田彩夏小姐、工藤豪介先生、飯野朝美小姐；顧問內山光司先生。以及一口氣拓展，有效運用數位行銷的 CyberZ 團隊的每一位成員，真的非常感謝你們。我認為因為有全體成員經常以單一顧客為出發點，把所有注意力集中在顧客身上才能有這樣的成果。

此外，即使我集中在週末或深夜進行執筆、編輯作業，還是經常和我並肩作戰，支持我到最後的編輯高島知子小姐、翔泳社的人員，以及持續溫暖支持我的家人佐和子和舞花，我由衷感謝你們。非常謝謝你們。

參考文獻

■市場行銷

- 《マーケティング・マネジメント 競争的戦略時代の発想と展開》(フィリップ・コトラー著/村田昭治監修/小坂恕、疋田聰、三村優美子譯/プレジデント社)
- 《マーケティング原理 戦略的アプローチ》(フィリップ・コトラー著/村田昭治監修/和田充夫・上原征彦譯/ダイヤモンド社)
- 《ソーシャル・マーケティング 行動変革のための戦略》(フィリップ・コトラー、エデュアルド・L・ロベルト著/井関利明監譯/ダイヤモンド社)
- 《コトラーのマーケティング3.0 ソーシャル・メディア時代の新法則》(フィリップ・コトラー、ヘルマワン・カルタジャヤ、イワン・セティアワン著/恩藏直人監譯/藤井清美譯/朝日新聞出版)
- 《コトラーのマーケティング4.0 スマートフォン時代の究極法則》(フィリップ・コトラー、ヘルマワン・カルタジャヤ、イワン・セティアワン著/恩藏直人監修/藤井清美譯/朝日新聞出版)
- 《マーケティング脳 vs マネジメント脳 なぜ現場と経営層では話がかみ合わないのか?》(アル・ライズ、ローラ・ライズ著/黒輪篤嗣譯/翔泳社)
- 《実践ペルソナ・マーケティング 製品・サービス開発の新しい常識》(高井紳二編/日本経済新聞出版社)
- 《はじめてのカスタマージャーニーマップワークショップ「顧客視点」で考えるビジネスの課題と可能性》(加藤希尊著/翔泳社)

- 《グローバル企業に学ぶ ブランド・マーケティング90の項目》（鈴木寛曉著／ＳＩＣ）
- 《本当のブランド理念について語ろう「志の高さ」を成長に変えた世界のトップ企業50》（ジム・ステンゲル著／川名周解説／池村千秋譯／ＣＣＣメディアハウス）
- 《ブランド論 無形の差別化を作る20の基本原則》（デービッド・アーカー著／阿久津聡譯／ダイヤモンド社）
- 《エッセンシャル戦略的ブランド・マネジメント第4版》（ケビン・レーン・ケラー著／恩藏直人譯／東急エージェンシー）
- 《ブランディング 7つの原則【改訂版】成長企業の世界標準ノウハウ》（インターブランドジャパン編著／日本経済新聞出版社）
- 《マーケティングとは「組織革命」である。個人も会社も劇的に成長する森岡メソッド》（森岡毅著／日経ＢＰ社）
- 《なぜ「それ」が買われるのか？情報爆発時代に「選ばれる」商品の法則（朝日新書）》（博報堂買物研究所著／朝日新聞出版）
- 《ポジショニング戦略［新版］》（アル・ライズ、ジャック・トラウト著／フィリップ・コトラー序文／川上純子譯／海と月社）
- 《ブランディング22の法則》（アル・ライズ、ローラ・ライズ著／片平秀貴監譯／東急エージェンシー出版部）
- 《Playing to Win: How Strategy Really Works》（A.G. Lafley, Roger L. Martin著／Harvard Business Review Press）
- 《すべては、消費者のために P&Gのマーケティングで学んだこと。》（和田浩子著／トランスワールドジャパン）
- 《デジタル時代の基礎知識『商品企画』「インサイト」で多様化するニーズに届ける新しいルール（MarkeZine BOOKS）》（富永朋信著／翔泳社）
- 《なぜ「戦略」で差がつくのか。戦略思考でマーケティングは強くなる》（音部大輔著／宣伝会議）
- 《ブランディングの科学 誰も知らないマーケティングの法則11》（バイロン・シャープ著／前平謙二譯／加藤巧監／朝日新聞出版）
- 《競争の戦略》（M・E・ポーター著／土岐坤、中辻万治、服部照夫 譯／ダイヤモンド社）
- 《コトラー&ケラーのマーケティング・マネジメント 第12版》（フィリップ・コトラー、ケビン・レーン・ケラー著／恩藏直人監修／月谷真紀譯／丸善出版）

- 《ブランド・エクイティ戦略 競争優位をつくりだす名前、シンボル、スローガン》（D・A・アーカー著／陶山計介、中田善啓、尾崎久仁博、小林哲譯／ダイヤモンド社）
- 《コモディティ化市場のマーケティング論理》（恩蔵直人著／有斐閣）
- 《ブランド・ポートフォリオ戦略》（D・A・アーカー著／阿久津聡譯／ダイヤモンド社）
- 《ネット・プロモーター経営 顧客ロイヤルティ指標NPSで「利益ある成長」を実現する》（ベイン・アンド・カンパニー・フレッド・ライクヘルド、ロブ・マーキー著／森光威文、大越一樹監譯／渡部典子譯／プレジデント社）
- 《統計学が最強の学問である データ社会を生き抜くための武器と教養》（西内啓著／ダイヤモンド社）
- 《半径3メートルの「行動観察」から大ヒットを生む方法（SB新書）》（髙橋広嗣著／SBクリエイティブ）
- 《企業を高めるブランド戦略（講談社現代新書）》（田中洋著／講談社）
- 《CRM 顧客はそこにいる［増補改訂版］》（アクセンチュア、村山徹、三谷宏治 CRMグループ、戦略グループ著／東洋経済新報社）
- 《売上につながる「顧客ロイヤルティ戦略」入門》（遠藤直紀、武井由紀子著／日本実業出版社）
- 《顧客体験の教科書 収益を生み出すロイヤルカスタマーの作り方》（ジョン・グッドマン著／畑中伸介譯／東洋経済新報社）
- 《売上の8割を占める 優良顧客を逃さない方法 利益を伸ばすリテンションマーケティング入門》（大坂祐希枝著／ダイヤモンド社）
- 《デジタル時代の基礎知識「マーケティング」「顧客ファースト」の時代を生き抜く新しいルール（MarkeZine BOOKS）》（逸見光次郎著／翔泳社）
- 《新しいマーケティングの実際》（佐川幸三郎著／プレジデント社）
- 《ネット広告&通販の第一人者が明かす 100%確実に売上がアップする最強の仕組み》（加藤公一レオ著／ダイヤモンド社）

■創意、廣告

- 《ブランドは広告でつくれない 広告vsPR》（アル・ライズ、ローラ・ライズ著／共同PR株式会社訳監修／翔泳社）
- 《「売る」広告［新訳］》（デイヴィッド・オグルヴィ著／山内あゆ子譯／海と月社）
- 《ハイコンセプト「新しいこと」を考え出す人の時代 富を約束する「6つの感性」の磨き方》（ダニエル・ピンク著／大前研一譯／三笠書房）
- 《イノベーションのジレンマ 増補改訂版 技術革新が巨大企業を滅ぼすとき（Harvard Business School Press）》（クレイトン・クリステンセン著／玉田俊平太監修／伊豆原弓譯／翔泳社）
- 《キャズム Ver.2 増補改訂版 新商品をブレイクさせる「超」マーケティング理論》（ジェフリー・ムーア著／川又政治譯／翔泳社）
- 《日本の歴史的広告クリエイティブ100選 江戸時代～戦前戦後～現代まで》（岡田芳郎著／宣伝会議）
- 《情報大爆発 コミュニケーション・デザインはどう変わるか》（秋山隆平著／宣伝会議）
- 《クリエイティブ・マインドセット 想像力・好奇心・勇気が目覚める驚異の思考法》（トム・ケリー、デイヴィッド・ケリー著／千葉敏生譯／日経BP社）
- 《クリエイティヴ・マインドの心理学 アーティストが創造的生活を続けるために》（ジェフ・クラブトゥリー、ジュリー・クラブトゥリー著／斎藤あやこ譯／アルテスパブリッシング）
- 《クリエイティブマインド つくるチカラを引き出す40の言葉たち》（杉山恒太郎著／インプレス）
- 《The End of Advertising as We Know It》（Sergio Zyman, Armin A. Brott著／Wiley）
- 《広告の魔術 レスポンスを増やす6人の伝説的マーケターの教え》（クレイグ・シンプソン、ブライアン・カーツ著／大間知知子譯／ダイレクト出版）
- 《ここらで広告コピーの本当の話をします。》（小霜和也著／宣伝会議）
- 《CM》（小田桐昭、岡康道著／宣伝会議）
- 《ブランド》（岡康道、吉田望著／宣伝会議）
- 《アイデアの直前 タグボート岡康道の昨日・今日・明日》（岡康道著／河出書房新社）

- 《アイデアの発見 杉山恒太郎が目撃した、世界を変えた広告50選》（杉山恒太郎著／インプレス）
- 《勝率2割の仕事論 ヒットは「臆病」から生まれる（光文社新書）》（岡康道著／光文社）
- 《TUGBOAT 10 Years》（TUGBOAT著／美術出版社）
- 《Lovemarks: the future beyond brands》（Kevin Roberts, A.G. Lafley著／Power House Books）
- 《永遠に愛されるブランド ラブマークの誕生》（ケビン・ロバーツ著／岡部真里、椎野淳、森尚子譯／ランダムハウス講談社）
- 《みんなに好かれようとして、みんなに嫌われる。勝つ広告のぜんぶ》（仲畑貴志著／宣伝会議）
- 《発想する会社！ 世界最高のデザイン・ファームIDEOに学ぶイノベーションの技法》（トム・ケリー、ジョナサン・リットマン著／鈴木主税、秀岡尚子譯／早川書房）
- 《デザイン思考が世界を変える（ハヤカワ・ノンフィクション文庫）》（ティム・ブラウン著／千葉敏生譯／早川書房）
- 《プロパガンダ 広告・政治宣伝のからくりを見抜く》（A・プラトカニス、E・アロンソン著／社会行動研究会譯／誠信書房）
- 《アイデアのつくり方》（ジェームス・W・ヤング著／今井茂雄譯／竹内均解説／CCCメディアハウス）
- 《ザ・コピーライティング 心の琴線にふれる言葉の法則》（ジョン・ケープルズ著／神田昌典監譯／齋藤慎子、依田卓巳譯／ダイヤモンド社）
- 《マクドナルド P&G、ヘンケルで学んだ圧倒的な成果を生み出す「劇薬」の仕事術》（足立光著／ダイヤモンド社）

■腦科學、心理學

- 《右脳思考 ロジカルシンキングの限界を超える観・感・勘のススメ》（内田和成著／東洋経済新報社）
- 《感じる脳 情動と感情の脳科学 よみがえるスピノザ》（アントニオ・R・ダマシオ著／田中三彦譯／ダイヤモンド社）
- 《無意識の脳 自己意識の脳 身体と情動と感情の神秘》（アントニオ・R・ダマシオ著／田中三彦譯／講談社）
- 《意識はいつ生まれるのか 脳の謎に挑む統合情報理論》（ジュリオ・トノーニ、マルチェッロ・マッスィミーニ著／花本知子譯／亜紀書房）

- 《意識は傍観者である 脳の知られざる営み（ハヤカワ・ポピュラーサイエンス）》（デイヴィッド・イーグルマン著／大田直子譯／早川書房）
- 《脳の意識 機械の意識 - 脳神経科学の挑戦（中央公論新書）》（渡辺正峰著／中央公論新社）
- 《つながる脳科学「心のしくみ」に迫る脳研究の最前線（ブルーバックス）》（理化学研究所 脳科学総合研究センター編／講談社）
- 《記憶のしくみ 上 脳の認知と記憶システム（ブルーバックス）》（ラリー・R・スクワイア、エリック・R・カンデル著／小西史朗、桐野豊監修／講談社）
- 《記憶のしくみ 下 脳の記憶貯蔵のメカニズム（ブルーバックス）》（ラリー・R・スクワイア、エリック・R・カンデル著／小西史朗、桐野豊監修／講談社）
- 《もうひとつの脳 ニューロンを支配する陰の主役「グリア細胞」（ブルーバックス）》（R・ダグラス・フィールズ著／小西史朗監譯／小松佳代子譯／講談社）
- 《脳はなぜ都合よく記憶するのか 記憶科学が教える脳と人間の不思議》（ジュリア・ショウ著／服部由美譯／講談社）
- 《脳科学は人格を変えられるか?（文春文庫）》（エレーヌ・フォックス著／森内薫譯／文藝春秋）
- 《服従の心理》（スタンレー・ミルグラム著／山形浩生譯／河出書房新社）
- 《群衆心理（講談社学術文庫）》（ギュスターヴ・ル・ボン著／櫻井成夫譯／講談社）
- 《権力と支配（講談社学術文庫）》（マックス・ウェーバー著／濱嶋朗譯／講談社）
- 《自意識（アイデンティティ）と創り出す思考》（ロバート・フリッツ、ウェイン・S・アンダーセン著／田村洋一監譯／武富敏章譯／Evolving）
- 《NEW POWER これからの世界の「新しい力」を手に入れろ》（ジェレミー・ハイマンズ、ヘンリー・ティムズ著／神崎朗子譯／ダイヤモンド社）
- 《組織の壁を越える「バウンダリー・スパニング」6つの実践》（クリス・アーンスト、ドナ・クロボット＝メイソン著／三木俊哉譯／加藤雅則解説／英治出版）
- 《ガイドツアー 複雑系の世界 サンタフェ研究所講義ノートから》（メラニー・ミッチェル著／高橋洋譯／紀伊國屋書店）

- 《夜と霧［新版］》（ヴィクトール・E・フランクル著／池田香代子譯／みすず書房）
- 《影響力の武器［第二版］なぜ、人は動かされるのか》（ロバート・B・チャルディーニ著／社会行動研究会譯／誠信書房）

■數據

- 《BCGデジタル経営改革 DIGITAL TRANSFORMATIONのすべて（日経ムック）》（ボストン コンサルティング グループ編／日本経済新聞出版社）
- 《3ステップで実現する デジタルトランスフォーメーションの実際》（ベイカレント・コンサルティング著／日経BP社）
- 《対デジタル・ディスラプター戦略 既存企業の戦い方》（マイケル・ウェイド ジェフ・ルークス ジェイムズ・マコーレー、アンディ・ノロニャ著／根来龍之、武藤陽生、デジタルビジネス・イノベーションセンター譯／日本経済新聞出版社）
- 《シェア〈共有〉からビジネスを生みだす新戦略》（レイチェル・ボッツマン、ルー・ロジャース著／小林弘人監修・解説／関美和譯／ＮＨＫ出版）
- 《ロングテール「売れない商品」を宝の山に変える新戦略（ハヤカワ・ノンフィクション文庫）》（クリス・アンダーソン著／篠森ゆりこ譯／早川書房）
- 《フリー〈無料〉からお金を生みだす新戦略》（クリス・アンダーソン著／小林弘人監修・解説／高橋則明譯／NHK出版）
- 《MAKERS［メイカーズ］21世紀の産業革命が始まる》（クリス・アンダーソン著／関美和譯／NHK出版）
- 《amazon 世界最先端の戦略がわかる》（成毛眞著／ダイヤモンド社）
- 《UXの時代 IoTとシェアリングは産業をどう変えるのか》（松島聡著／英治出版）
- 《プラットフォーム革命　経済を支配するビジネスモデルはどう機能し、どう作られるのか》（アレックス・モザド、ニコラス・L・ジョンソン著／藤原朝子譯／英治出版）
- 《リーン・スタートアップ》（エリック・リース著／伊藤穰一解説／井口耕二譯／日経BP社）
- 《Zero to One: Notes on Start Ups, or How to Build the Future》（Peter Thiel, Blake Masters著／Currency）
- 《ブロックチェーン・レボリューション ビットコインを支える技術はどのようにビジネスと経済、そして世界を変えるのか》（ドン・タプスコット、アレックス・タプスコット著／高橋璃子譯／ダイヤモンド社）

• 《データ・ドリブン・マーケティング 最低限知っておくべき15の指標》（マーク・ジェフリー著／佐藤純、矢倉純之介、内田彩香譯／ダイヤモンド社）
• 《DSP/RTB オーディエンスターゲティング入門（Next Publishing）》（横山隆治、菅原健一、楳田良輝著／インプレスR&D）
• 《アドテクノロジーの教科書 デジタルマーケティング実践指南》（広瀬信輔著／翔泳社）
• 《「ザ・アドテクノロジー」データマーケティングの基礎からアトリビューションの概念まで》（菅原健一、有園雄一、岡田吉弘、杉原剛著／MarkeZine編集部取材・編／翔泳社）
• 《ハッキング・マーケティング 実験と改善の高速なサイクルがイノベーションを次々と生み出す（MarkeZine BOOKS）》（スコット・ブリンカー著／東方雅美譯／翔泳社）
• 《次世代コミュニケーションプランニング》（高広伯彦著／SBクリエイティブ）
• 《Google AdSense マネタイズの教科書［完全版］》（のんくら（早川修）a-ki、石田健介、染谷昌利著／日本実業出版社）
• 《サブスクリプション 「顧客の成功」が収益を生む新時代のビジネスモデル》（ティエン・ツォ、ゲイブ・ワイザート著／桑野順一郎監修・譯／御立英史譯／ダイヤモンド社）
• 《Hacking Growth グロースハック完全読本》（ショーン・エリス、モーガン・ブラウン著／金山裕樹解説／門脇弘典譯／日経ＢＰ社）
• 《デジタルマーケティングで売上の壁を超える方法（MarkeZine BOOKS）》（西井敏恭著／翔泳社）
• 《世界最先端のマーケティング 顧客とつながる企業のチャネルシフト戦略》（奥谷孝司、岩井琢磨著／日経BP社）
• 《いちばんやさしいグロースハックの教本 人気講師が教える急成長マーケティング戦略》（金山裕樹、梶谷健人著／インプレス）

■未來預測

• 《Singularity Is Near: When Humans Transcend Biology》（Ray Kurzweil著／Penguin Books）
• 《ポスト・ヒューマン誕生 コンピュータが人類の知性を超えるとき》（レイ・カーツワイル著／井上健監譯／小野木明恵、

野中香方子、福田実譯／NHK出版）
・《シンギュラリティは近い 人類が生命を超越するとき》（レイ・カーツワイル著／井上健監譯／小野木明恵、野中香方子、福田実譯／NHK出版）
・《マッキンゼーが予測する未来 近未来のビジネスは4つの力に支配されている》（リチャード・ドッブス、ジェームズ・マニーカ、ジョナサン・ウーツェル著／吉良直人譯／ダイヤモンド社）
・《〈インターネット〉の次に来るもの 未来を決める12の法則》（ケヴィン・ケリー著／服部桂譯／NHK出版）
・《第四次産業革命 ダボス会議が予測する未来》（クラウス・シュワブ著／世界経済フォーラム譯／日本経済新聞出版社）
・《第五の権力 Googleには見えている未来》（エリック・シュミット、ジャレッド・コーエン著／櫻井祐子譯／ダイヤモンド社）
・《ネクスト・ソサエティ 歴史が見たことのない未来がはじまる》（P・F・ドラッカー著／上田惇生譯／ダイヤモンド社）
・《明日を支配するもの 21世紀のマネジメント革命》（P・F・ドラッカー著／上田惇生譯／ダイヤモンド社）
・《すでに起こった未来 変化を読む眼》（P・F・ドラッカー著／上田惇生、林正、佐々木実智男、田代正美譯／ダイヤモンド社）
・《なめらかな社会とその敵 PICSY・分人民主主義・構成的社会契約論》（鈴木健著／勁草書房）
・《大前研一「新・資本論」見えない経済大陸へ挑む》（大前研一著／吉良直人譯／東洋経済新報社）

■商業管理
・《マネジメント［エッセンシャル版］基本と原則》（P・F・ドラッカー著／上田惇生譯／ダイヤモンド社）
・《イノベーションと企業家精神［エッセンシャル版］》（P・F・ドラッカー著／上田惇生譯／ダイヤモンド社）
・《はじめて読むドラッガー【自己実現編】プロフェッショナルの条件 いかに成果をあげ、成長するか》（P・F・ドラッカー著／上田惇生譯／ダイヤモンド社）
・《はじめて読むドラッガー【マネジメント編】チェンジ・リーダーの条件 みずから変化をつくりだせ！》（P・F・ドラッカー著／上田惇生譯／ダイヤモンド社）

- 《はじめて読むドラッガー【社会編】 イノベーターの条件 社会の絆をいかに創造するか》（P・F・ドラッカー著／上田惇生譯／ダイヤモンド社）
- 《はじめて読むドラッガー【技術編】 テクノロジストの条件》（P・F・ドラッカー著／上田惇生譯／ダイヤモンド社）
- 《ライフサイクル イノベーション 成熟市場＋コモディティ化に効く14のイノベーション》（ジェフリー・ムーア著／栗原潔譯／翔泳社）
- 《知識創造企業》（野中郁次郎、竹内弘高著／梅本勝博譯／東洋経済新報社）
- 《リバース・イノベーション 新興国の名もない企業が世界市場を支配するとき》（ビジャイ・ゴビンダラジャン、クリス・トリンブル著／渡部典子譯／小林喜一郎解説／ダイヤモンド社）
- 《[新版] ブルー・オーシャン戦略 競争のない世界を創造する（Harvard Business Review Press）》（W・チャン・キム、レネ・モボルニュ著／入山章栄監譯／有賀裕子譯／ダイヤモンド社）
- 《ジョブ理論 イノベーションを予測可能にする消費のメカニズム》（クレイトン・M・クリステンセン他著／依田光江譯／ハーパーコリンズ・ジャパン）
- 《イシューからはじめよ 知的生産の「シンプルな本質」》（安宅和人著／英治出版）
- 《論理思考は万能ではない 異なる価値観の調和から創造的な仮説が生まれる》（松丘啓司著／ファーストプレス）
- 《仮説思考 BCG流 問題発見・解決の発想法》（内田和成著／東洋経済新報社）
- 《戦略「脳」を鍛える BCG流 戦略発想の技術》（御立尚資著／東洋経済新報社）
- 《ブレイクスルー ひらめきはロジックから生まれる》（木村健太郎、磯部光毅著／宣伝会議）
- 《戦略策定概論 企業戦略立案の理論と実際》（波頭亮著／産能大出版部）
- 《現場論「非凡な現場」をつくる論理と実践》（遠藤功著／東洋経済新報社）
- 《見える化 強い企業をつくる「見える」仕組み》（遠藤功著／東洋経済新報社）
- 《入門 考える技術・書く技術 日本人のロジカルシンキング実践法》（山崎康司著／ダイヤモンド社）
- 《星野リゾートの教科書 サービスと利益 両立の法則》（中沢康彦著／日経トップリーダー編／日経BP社）
- 《ランチェスター弱者必勝の戦略 強者に勝つ15の原則（サンマーク文庫）》（竹田陽一著／サンマーク出版）

- 《稲盛和夫の実学 経営と会計》（稲盛和夫著／日本経済新聞社）
- 《ザ・ゴール 企業の究極の目的とは何か》（エリヤフ・ゴールドラット著／三本木亮譯／稲垣公夫解説／ダイヤモンド社）
- 《ザ・プロフィット 利益はどのようにして生まれるのか》（エイドリアン・J・スライウォツキー著／中川治子譯／ダイヤモンド社）
- 《ファイナンス思考 日本企業を蝕む病と、再生の戦略論》（朝倉祐介著／ダイヤモンド社）
- 《Good to Great Why Some Companies Make the Leap...And Others Don't》（Jim Collins著／HaperBusiness）
- 《世界最高のチーム グーグル流「最少の人数」で「最大の成果」を生み出す方法》（ピョートル・フェリクス・グジバチ著／朝日新聞出版）
- 《ビジネスモデル思考法 ストーリーで読む「儲ける仕組み」のつくり方》（川上昌直著／ダイヤモンド社）
- 《Who Moved My Cheese?》（Spencer Johnson 著／Vermilion）
- 《人生を変える スティーブジョブズスピーチ ～人生の教訓はすべてここにある～》（国際文化研究室編／ゴマブックス）
- 《ビジョナリー・カンパニー③ 衰退の五段階》（ジム・コリンズ著／山岡洋一譯／日経BP社）
- 《エクセレント・カンパニー》（トム・ピーターズ、ロバート・ウォーターマン著／大前研一譯／英知出版）
- 《Built to Last: Successful Habits of Visionary Companies(Harper Business Essentials)》（Jim Collins, Jerry I. Porras 著／Harper Business）

翻轉學 翻轉學系列 045

讓大眾小眾都買單的單一顧客分析法

たった一人の分析から事業は成長する 実践 顧客起点マーケティング

作　　者　西口一希
譯　　者　陳冠貴
總 編 輯　何玉美
主　　編　林俊安
責任編輯　袁于善
封面設計　張天薪
內文排版　黃雅芬

出版發行　采實文化事業股份有限公司
行銷企畫　陳佩宜・黃于庭・馮羿勳・蔡雨庭
業務發行　張世明・林踏欣・林坤蓉・王貞玉・張惠屏
國際版權　王俐雯・林冠妤
印務採購　曾玉霞
會計行政　王雅蕙・李韶婉・簡佩鈺
法律顧問　第一國際法律事務所　余淑杏律師
電子信箱　acme@acmebook.com.tw
采實官網　www.acmebook.com.tw
采實臉書　www.facebook.com/acmebook01

I S B N　978-986-507-222-3
定　　價　360 元
初版一刷　2020 年 12 月
劃撥帳號　50148859
劃撥戶名　采實文化事業股份有限公司
104 台北市中山區南京東路二段 95 號 9 樓
電話：(02)2511-9798　傳真：(02)2571-3298

國家圖書館出版品預行編目資料

讓大眾小眾都買單的單一顧客分析法 / 西口一希著；陳冠貴譯 . – 台北市：采實文化，2020.12
272 面 ; 14.8×21 公分 . --（翻轉學系列；45）
譯自：たった一人の分析から事業は成長する 実践 顧客起点マーケティング
ISBN 978-986-507-222-3（平裝）
1. 行銷管理 2. 顧客關係管理
496　109016229

采實出版集團
ACME PUBLISHING GROUP

廣 告 回 信
台北郵局登記證
台北廣字第03720號
免 貼 郵 票

采實文化 采實文化事業股份有限公司

104台北市中山區南京東路二段95號9樓

采實文化讀者服務部　收

讀者服務專線：02-2511-9798

讓大眾小眾都買單的

單一顧客分析法

P&G、樂敦、歐舒丹……打造回購熱銷商品的市場行銷學

西口一希——著　陳冠貴——譯

たった一人の分析から事業は成長する 実践 顧客起点マーケティング

翻轉學

翻轉學系列專用回函

系列：翻轉學系列045

書名：**讓大眾小眾都買單的單一顧客分析法**

讀者資料（本資料只供出版社內部建檔及寄送必要書訊使用）：

1. 姓名：
2. 性別：□男　□女
3. 出生年月日：民國　　　年　　　月　　　日（年齡：　　　歲）
4. 教育程度：□大學以上　□大學　□專科　□高中（職）　□國中　□國小以下（含國小）
5. 聯絡地址：
6. 聯絡電話：
7. 電子郵件信箱：
8. 是否願意收到出版物相關資料：□願意　□不願意

購書資訊：

1. 您在哪裡購買本書？□金石堂　□誠品　□何嘉仁　□博客來
   □墊腳石　□其他：＿＿＿＿＿＿＿＿（請寫書店名稱）
2. 購買本書日期是？＿＿＿年＿＿＿月＿＿＿日
3. 您從哪裡得到這本書的相關訊息？□報紙廣告　□雜誌　□電視　□廣播　□親朋好友告知
   □逛書店看到　□別人送的　□網路上看到
4. 什麼原因讓你購買本書？□喜歡商業類書籍　□被書名吸引才買的　□封面吸引人
   □內容好　□其他：＿＿＿＿＿＿＿＿＿＿（請寫原因）
5. 看過書以後，您覺得本書的內容：□很好　□普通　□差強人意　□應再加強　□不夠充實
   □很差　□令人失望
6. 對這本書的整體包裝設計，您覺得：□都很好　□封面吸引人，但內頁編排有待加強
   □封面不夠吸引人，內頁編排很棒　□封面和內頁編排都有待加強　□封面和內頁編排都很差

寫下您對本書及出版社的建議：

1. 您最喜歡本書的特點：□實用簡單　□包裝設計　□內容充實
2. 關於商業管理領域的訊息，您還想知道的有哪些？
3. 您對書中所傳達的內容，有沒有不清楚的地方？
4. 未來，您還希望我們出版哪一方面的書籍？